Enzian und Edelweiss

Edeltraud Danesch Othmar Danesch

AT Verlag Aarau · Stuttgart

Enzian und Edelweiss

Titelbild
Der Stengellose Enzian mit seinen leuchtend azurblauen Blüten zählt zu unseren schönsten und beliebtesten Bergblumen.

AT Verlag Aarau (Schweiz)
Text: Edeltraud Danesch
Fotos: Othmar Danesch
Vignetten: Martin Danesch
Gestaltung: Dario Zuffo, Hegnau
Gesamtherstellung: Grafische Betriebe Aargauer Tagblatt AG, Aarau
Printed in Switzerland

ISBN 3-85502-186-4

Inhalt

Enzian und Edelweiss braucht man heute nicht mehr vorzustellen. Jeder kennt die beiden Alpenblumen, die in unseren Tagen fast schon zum Symbol für eine immer weiter von uns abrückende «heile Welt» geworden sind.

Beinahe täglich sehen wir ihre kleinen Pflanzengestalten auf Vereinsabzeichen, auf Plakaten der Fremdenwerbung und als Gütezeichen für Milch, Butter, Käse, Schokolade und Sportartikel. In Volksliedern haben Enzian und Edelweiss einen festen Platz, in vielen Gärten blühen sie, und für ungezählte Wanderer sind zumindest Enziane vertraute Alpenpflanzen. Enzian und Edelweiss zählen zu den populärsten Blumen.

Das war nicht immer der Fall. Den weit verbreiteten Gelben Enzian kannte man wohl schon im Altertum, er soll von einem illyrischen König entdeckt worden sein, und der Kreuz-Enzian war im Mittelalter eine beliebte Zauberpflanze. Aber andere Enziane waren früher höchstens jenen bekannt, in deren Nähe sie wuchsen. Alte, oft recht merkwürdige Volksnamen berichten von der Bedeutung, die ihnen damals zugemessen worden ist. Viele blieben lange Zeit überhaupt gänzlich unbekannt, namentlich die in grösseren Höhen vorkommenden Arten, denn bis ins 16. Jahrhundert fürchtete und mied man die Bergwelt als einen «Ort der Schrecken». Auch das Edelweiss, das Jagerbleaml, kannten damals nur einzelne. Berühmt und begehrt wurde es erst um die Jahrhundertwende.

Heute kennen wir rund dreissig Enzianarten in Mitteleuropa – sie kommen vorwiegend in den Alpen vor –, und wir wissen, dass Enziane in insgesamt vier- bis fünfhundert Arten über weite Teile der Erde verbreitet sind.

Enzian und Edelweiss haben eine Geschichte, die sich über Jahrmillionen erstreckt. Diese lange Pflanzengeschichte ist nicht weniger spannend und aufschlussreich als die Geschichte unserer Menschheit, und sie ist eng verknüpft mit dem Schicksal der Berge.

Ganz andere Wesenszüge der Blumen entdeckt der Dichter, aber auch jeder von uns, dem einmal eine besondere Stunde den Blick öffnet für das unvergleichlich prachtvolle Blau eines Enzians, für die Art, wie sich seine Blüten in der herben Welt der Berge ins Bild setzen, oder für die lebendige Schönheit weiss-wolliger Edelweiss-Sterne über bröckelndem Gestein.

Enzian und Edelweiss

Der Ursprung des deutschen Namens Enzian liegt in einer bereits recht fernen Vergangenheit. Plinius berichtet in seiner *Naturgeschichte,* der im 2. Jahrhundert vor unserer Zeitrechnung lebende Illyrerkönig Gentis oder Gentius habe als erster den Enzian entdeckt und ihn als Heilmittel gegen die Pest empfohlen. Von seinem Namen leite sich die lateinische Bezeichnung Gentiana für Enzian ab.

Plinius der Ältere lebte im ersten nachchristlichen Jahrhundert und war ein römischer Schriftsteller und Befehlshaber einer Flotte. Viele seiner Bücher und Einzelschriften sind längst verschollen. Seine *Naturgeschichte* dagegen beeinflusste nicht nur das naturwissenschaftliche Denken des Mittelalters grundlegend, heute noch ist dieses Werk für uns eine massgebliche Quelle für unser Wissen über seine Zeit. Allerdings, im Hinblick auf den illyrischen König Gentis vertraut man Plinius nicht ganz. Man räumt lediglich ein, dass der Name Gentiana illyrischen Ursprungs sein könnte. Allmählich formte sich aus der lateinischen Bezeichnung Gentiana der deutsche Name entian; er tritt bereits im 13. Jahrhundert auf. Aus ihm entwickelte sich letztlich Enzian heran. Im Volksmund hat sich das Wort noch weiter abgeschliffen zu Enziga im Bairischen – im Mundartraum der Ostalpen –, in Graubünden zu Jenzele oder Jenznerwurz, zu Jänzene und Jenstener im Berner Simmental.

Gentiana – Enzian

Zu unseren bekanntesten Enzianen zählt der grossglockige Stengellose Enzian *(Gentiana acaulis)*. In der Regel blüht er dunkel azurblau, sehr selten findet man ihn mit weissen Blüten. Meist sind aber auch dann seine Glocken innen grün getönt und von dunklen Punkten besetzt. 9

Gelber Enzian
Punktierter Enzian
Purpur-Enzian
Brauner Enzian
Schwalbenwurz-Enzian
Lungen-Enzian
Steirischer Enzian
Karawanken-Enzian
Kreuz-Enzian
Niederliegender Enzian
Clusius'-Enzian
Stengelloser Enzian
Alpen-Enzian
Schmalblättriger Enzian
Frühlings-Enzian
Karst-Enzian
Kurzblättriger Enzian
Rundblättriger Enzian
Zwerg-Enzian
Triglav-Enzian
Bayerischer Enzian
Schlauch-Enzian
Schnee-Enzian
Zarter Enzian
Gefranster Enzian
Feld-Enzian
Deutscher Enzian

Unsere Enziane

Eine Fülle verschiedener Enziane – blaue, gelbe, rote und violette – ist bei uns im Alpenraum heimisch. Viele fallen durch die intensive Farbe ihrer schönen Blüten auf, aber uns ist meist gar nicht bewusst, wie viele Enzianarten es bei uns gibt.

Am bekanntesten sind wohl die blauen Enziane, die grossen Glocken des Stengellosen Enzians, die leuchtend azurblauen Blütensterne des Bayerischen Enzians und der Frühlings-Enziane, die in lockeren Gruppen beisammenstehen oder dichte Blütenkissen bilden über ihren schmalen oder breiten Blättchen, über spitzen oder runden, zarten oder ledrigen. So ungewöhnlich ist dieses Azurblau ihrer Blüten, dass wir es allgemein Enzianblau nennen. Aber neben diesen bekannten Arten gibt es noch eine ganze Reihe weiterer blau blühender Enziane.

Während ihrer Blütezeit gar nicht zu übersehen sind auch unsere hochwüchsigen Arten: der Gelbe Enzian mit seinen Blütenbüscheln und der Punktierte mit den getüpfelten, gelben Glocken, der Purpur- und der Pannonische oder Braune Enzian mit dunkelroten Blüten in den Achseln ihrer grossen Blätter.

In auffallenden Blütenbüscheln blühen auch die meisten violetten Enziane, die gross- und die kleinblütigen Arten. Um das Zentrum ihrer Blütensterne legt sich ein zierlicher Fransenkranz. So vielfältig ist die Grundidee Enzian in unseren heimischen Arten abgewandelt.

Nicht alle Enziane blühen zur gleichen Zeit. Vom frühen Frühling bis in den Herbst hinein erstreckt sich ihre Blütezeit, und jede Art besiedelt einen ganz bestimmten Lebensraum. Hält sich die eine an tiefere und mittlere Lagen, lieben andere grössere Höhen oder können ausschliesslich dort oben gedeihen. Manche bevorzugen trockene, einige nasse Böden, oder sie brauchen Feinerde zwischen Schutt, kalkreiche oder kalkarme Unterlagen, verlangen starke oder mässige Sonnenbestrahlung, eine gewisse Dosis von Luftbewegung, von Nässe und Frost. Erst wenn ganz bestimmte Faktoren zusammenwirken, kann sich diese oder jene Enzianart ansiedeln und entfalten. Fehlt auch nur ein wichtiges Detail, bleibt sie fern. Deshalb lassen sich auch Enziane, wie die meisten Alpenblumen, nicht verpflanzen. In eine ihnen nicht gemässe Lebenswelt gebracht, sterben sie, diese diffizilen Spezialisten unserer Bergwelt.

Die meisten mitteleuropäischen Enziane sind auf den Alpenraum beschränkt. Nur wenige Arten treten auch im Alpenvorland und in Mittelgebirgen auf, und nur einige wenige, wie der Lungen-, der Kreuz- und der Fransen-Enzian, kommen auch in tiefen Lagen vor.

Sehr aufschlussreich sind auch die Verwandtschaftsverhältnisse unserer Enziane. So zeigen unsere hochwüchsigen Arten, der Gelbe, Punktierte, Braune und Purpur-Enzian, keine aussereuropäischen nahen Verwandten. Auch die beliebten grossglockigen Stengellosen Enziane sind eine selbständige, nur auf europäische Gebirge beschränkte Gruppe. Andere jedoch weisen in der arktischen Zone von Europa und Nordamerika und in Asien nahe Verwandte auf, und einzelne zeigen sich sogar als abgesprengte Sippen von Enzianen, die im Himalaja oder in Gebirgen Chinas daheim sind. Der Kreuz-Enzian ist ein solcher isolierter Einzelgänger mit einer hauptsächlich chinesischen Verwandtschaft, und ähnlich liegen die Dinge beim Steirischen und beim Karawanken-Enzian.

Auch viele andere Alpenpflanzen zeigen solche merkwürdigen Verwandtschaftsverhältnisse, die sie vorwiegend mit arktischen und asiatischen, in manchen Fällen auch mit Sippen des Mittelmeerraumes oder weiterer angrenzender Gebiete verbinden. Heute wissen wir, dass dies in weiträumigen Veränderungen und Bewegungen der Vergangenheit begründet liegt, bei denen dann auch die Eiszeiten eine wichtige Rolle gespielt haben.

Schon im Tertiär, vor 25 Millionen Jahren, besiedelten Enziane die damals jungen Alpen. Fossile Pflanzenreste berichten uns davon. Aus solchen frühen Formen haben sich die Europäer unter unseren Enzianen heranentwickelt, wie die hochwüchsigen Arten und die Stengellosen Enziane.

Durch die drastische Klimaverschlechterung der Eiszeiten wurde dann diese tertiäre Alpenflora in weiten Teilen ausgelöscht. Pflanzensippen, die sich dennoch behaupten konnten, wurden Jahrhunderttausende hindurch von anwachsenden und periodisch wieder zurückweichenden Eisströmen weite Wanderungen aufgezwungen über wenige, noch offene Wege. Manche erreichten dabei nahe oder ferner gelegene Refugien, in denen sie überdauern konnten. Arktische Sippen wichen den sich mächtig ausbreitenden skandinavischen Gletschern aus, trafen sich mit Alpenflüchtlingen, die oft auf weiten Umwegen gegen Norden drängten. In wärmeren Zwischenepochen kehrten manche wieder zurück und wanderten neue ein, um bei wiedereinsetzender Verschlechterung abermals in die Flucht geschlagen zu werden. Vermutlich war in solchen Zeiten auch unser Purpur-Enzian hinauf bis nach Südnorwegen gewandert, wo er noch heute ein begrenztes, isoliertes Areal bewohnt. Man nimmt auch an, dass während oder bald nach der Eiszeit die bei uns heimischen, mit unserem Frühlings-Enzian nahe verwandten Sippen entstanden sind und sich weiter verbreitet haben.

Als schliesslich nach dem letzten grossen Eisvorstoss, vor etwa 16 000 Jahren, ein wärmeres, pflanzenfreundliches Klima anhielt und sich die Eismassen endgültig zurückzuziehen begannen, setzte allmählich eine mächtige Rück- und Einwanderung aus den Refugien und über alle nunmehr für die Pflanzen offenen Wege ein. Alte Landbrücken, über die mancher Flüchtling gezogen war,

Der Punktierte Enzian *(Gentiana punctata)* ist während seiner Blütezeit gar nicht zu übersehen. Er wird bis über einen halben Meter hoch, und seine grossen, hellgelben Blütenglocken stehen aufrecht in Büscheln in den oberen Blattwinkeln und an der Spitze des kräftigen Stengels. Er ist in den Alpen weit verbreitet und kommt vereinzelt bis in Höhen von 3000 m vor.

14

Der langstengelige Fransen-Enzian *(Gentianella ciliata)* blüht erst spät, ab August, und kommt auf kalkreichen Böden von der Ebene bis in Höhen von über 2000 m vor. Seine grossen, violettblauen, vierteiligen Blüten sind an den Rändern deutlich gefranst. Bei uns steht er als Art allein; seine Verwandtschaft ist in der arktischen und temperierten Zone daheim und besiedelt Hochgebirge der nördlichen Erdhälfte.

waren versunken, andere hatten sich aufgebaut. Eine neue Alpenflora begann zusammenzuwachsen, aus alteingesessenen Sippen, die sich im Laufe der langen Zeit und unter dem Druck der Ereignisse weiterentwickelt hatten, aus Rückkehrern und aus Neuankömmlingen. Und auch in den umliegenden Gebieten blieben Spuren der alten Kontakte zurück.

Alles dies vollzog sich die langen Zeiten hindurch im sachten Tempo der an den Platz gebundenen Pflanze, die blüht und fruchtet, die sich ausbreitet und weiterwandert, indem Wind, Wasser, Tiere ihre Samen verfrachten. Enziansamen sind, geflügelt oder sehr klein, der Verbreitung durch den Wind angepasst. Sie zählen zu den Lichtfrostkeimern, denn sie bedürfen jeweils einer bestimmten, mehr oder weniger langen und starken Licht- und Frosteinwirkung. Versuche haben gezeigt, dass die einzelnen Arten auch hierin ganz unterschiedliche Ansprüche stellen. Es können Jahre vergehen, ehe Enziansamen zum Keimen kommen; bei manchen Arten wird die Samenruhe erst durch mehrmalige, längere Frosteinwirkung beendet. Aber mit dem Erwachen eines Embryos im Enziansamen ist noch nicht mehr als ein erster Schritt in die Zukunft getan. Nicht jeder keimende Samen wächst zu neuen Pflanzen heran.

Doch diese Wanderungen unserer Enziane, ihre Weiterentwicklung, die allmähliche Ausbildung neuer Sippen, alle diese Ereignisse, die sich in weiten Zeiträumen vollzogen und heute noch nicht abgeschlossen sind, sind nur einzelne Szenen eines grossen, lebendigen Spieles. Ähnliches wie in unseren Gebieten vollzog sich auch in den übrigen Teilen der Erde, in denen Enziane beheimatet sind. Heute kennen wir insgesamt vier- bis fünfhundert Enzianarten aus der Gattung, der auch unsere rund dreissig mitteleuropäischen Enziane angehören. So weitläufig ist ihre Verwandtschaft.

Diese mehrhundert verschiedenartigen Enziane besiedeln vor allem Gebirge der nördlichen Hemisphäre und die Anden Südamerikas. Dort schmücken zum Beispiel Scharen mennigroter Enziane, die mit unseren violetten Arten nah verwandt sind, hochgelegene, karge Grasfluren und blüht eine grünblumige Art in Schutthalden nahe der Schneegrenze. Auch in der Antarktis, in Neuseeland, Tasmanien, Südaustralien und auf indischen Gebirgen gibt es Enziane. In Afrika fehlen sie. Am mächtigsten haben sie sich jedoch in den Alpen und in den zentralasiatischen Gebirgen entfaltet.

Stengelloser Enzian

Seit Tagen blühen unten im Tal die Kirschbäume, die Wiesen sind gelb und hellviolett von Himmelschlüsseln und Wiesenschaumkraut, und der Waldboden unter den noch winterdunklen Fichten ist von Buschwindröschen besät.

Doch je höher man steigt, desto karger wird das Bild. Brauner Waldboden. Nur Pestwurz blüht am Wegrand, und Huflattich, unten ist ihre Zeit längst vorbei. Die Lärchen sind noch kahl, ohne den Anflug hellgrüner Knospen. Die höher gelegenen Matten sind schon frei vom Schnee, nur in den Mulden hält er sich noch. Aber sie sind winterlich fahl. Erst wenn man sie erreicht hat, ist zu sehen, dass bereits spitze, grüne Halme das alte, umgesunkene Gras zu durchwachsen beginnen und sich erste Blätter aus dem Boden schieben.

Dann leuchtet das kräftige Blau eines grossglockigen Enzians auf! Also blüht er doch schon hier oben. Vereinzelt erst, aber wenn man sucht, entdeckt man überall seine spitzen, langen Knospen zwischen dem fahlen und dem kurzen jungen, grünen Gras. Noch ein paar Sonnentage, dann blüht der ganze Hang.

Nie ist der Enzian so schön wie jetzt, nie sein Blau so leuchtend und so intensiv. Kein anderer lebhafter Farbton lenkt den Blick von ihm ab. Ocker und Braun, erstes Grün, selbst der blasse Frühlingshimmel und der kühle Wind, der stossweise über den Hang weht und seine Glocken leicht bewegt – alles verstärkt noch die Wirkung seiner grossen blauen Blüten.

Nur wenige Pflanzen bringen ein solch intensives, lebendiges Azurblau hervor wie dieses kleine Gewächs aus einer Rosette schmaler oder breiter Laubblätter. Dieses unscheinbare, an den Boden gedrückte, lebendige Gebilde, das Stoffe aus dem Boden zieht, aus der Luft aufnimmt, sie umwandelt unter Mithilfe von Sonnenlicht. Schon im September hatte es seine Blütenknospen angelegt. Alles in ihm vollzieht sich nach einem klaren Plan, dessen Existenz sich sein Leben lang bestätigt und der sich in den Jahrmillionen seiner Wirksamkeit schrittweise ausgebaut hat. Wir kennen feine Einzelheiten daraus und diffizile Zusammenhänge, aber immer noch bleibt unser Verstand die Antwort auf die Fragen nach dem Urheber und nach der grundlegenden Steuerung schuldig.

Im Oktober waren dann alle Blütenorgane ausgebildet, nur die Pollenkörner fehlten noch. Sie entwickelten sich erst im frühen Frühling, ehe der Schnee das Pflänzchen freigab. Nun entfalteten sich die grossen Knospen.

Mehrere Schichten winziger Zellen bauen die azurblaue Glocke auf.

Nur wenige Pflanzen bringen Blüten mit einem solch intensiven, strahlenden Azurblau hervor wie einige unserer Enziane. Unter ihnen besitzt der Stengellose Enzian *(Gentiana acaulis)* die grössten Blüten, prachtvolle Glocken, die bereits im frühen Frühling aus den noch winterfahlen Matten leuchten. In höheren Lagen findet man sie sogar noch bis in den Juli hinein.

Jede Zelle nur wenige Hundertstel-Millimeter im Durchmesser gross, viel zu klein, um mit freiem Auge gesehen zu werden: Im Innern ein rätselhafter Stoff, das Protoplasma, ein hochorganisiertes System chemischer Verbindungen, die geheimnisvolle Schaltstelle der «Lebenserscheinungen»; ein saftgefüllter Hohlraum, in dem auch Anthocyane, Farbstoffe, gelöst sind. Zellwände umschliessen dieses differenzierte Innen der winzigen Zellen.

Der Stoff der Enzianglocke ist straff gespannt. Fühlt er sich seidig an? Wie feines Papier? Ist er spröd? Wir haben keinen Vergleich. Er ist lebendig.

Auch sein Blau ist kaum beschreibbar. Es ist intensiv, dicht und dennoch ohne Gewicht. Ein violetter Schimmer, der sich je nach Lichteinfall verstärken oder bis zum kaum Wahrnehmbaren abschwächen kann, liegt auf der Wölbung der geschwungenen Kronzipfel und in den Falten der blauen Glocke. Auch aussen läuft dieselbe sanfte Violettönung in Streifen über das glänzende Blau hinab.

Innen steigen dunkelblau-violette Punktreihen die Wölbung herauf. Auch ein flüchtiges Grün, ein seidiges, wie mit einem Pinsel hingewischt. Licht fällt hinab. Nur der Grund bleibt dunkel für den Blick. Man sieht die fünf nektargefüllten Kammern kaum, die dort unten von den Staubfäden abgeteilt werden; von den schmalen, kantigen, überblauten Gebilden, die weiter oben der aufstrebenden, hellen Säule anliegen. Sie enden in den gelben, gestreckten Staubgefässen unterhalb der verbreiterten Narbe, die einen kleinen Trichter bildet.

Manche Enzianglocken sind innen heller blau, am Grund gelblichweiss, selbst weiss und blau gestreift. Oder sie sind dicht von olivgrünen Flecken besetzt.

Wenn Wolken die Sonne verdecken und es kühler wird, schliesst sich die Enzianblüte. Das ist nicht nur eine Eigenheit des Stengellosen Enzians. Die meisten Arten reagieren empfindlich auf Temperaturschwankungen. Erst wenn sich die Luft wieder auf mindestens 5,8 Grad erwärmt hat, beginnt sich die geschlossene Blüte in der fahlen Wiese kaum merkbar zu regen. Bestimmte Zonen der Innenseite dehnen sich, und abermals erblüht sie zur blauen Glocke.

Von April bis August ist der grossglockige Enzian in Höhen von 3000 Metern bis oft in die Täler herab, von den Pyrenäen bis in die Karpaten hinein anzutreffen. Das ist ein weites Gebiet. Als der schwedische Forscher Carl von Linné anfangs des 18. Jahrhunderts alle damals bekannten Pflanzenformen sichtete und ordnete, um ein botanisches Ordnungssystem aufzubauen, nannte er diesen auffällig kurzstengeligen, weit verbreiteten Enzian: Stengellosen Enzian, *Gentiana acaulis.* Dieser Name behielt so lange Gültigkeit, bis erkannt wurde, dass der schöne, grossglockige Enzian feine Unterschiede im Aussehen zeigt, je nachdem, ob er in kalkreichen oder -armen Böden wurzelt, ob er im Osten oder im Westen seines weitläufigen Verbreitungsgebieters heimisch ist. Heute unterscheiden wir insgesamt sechs

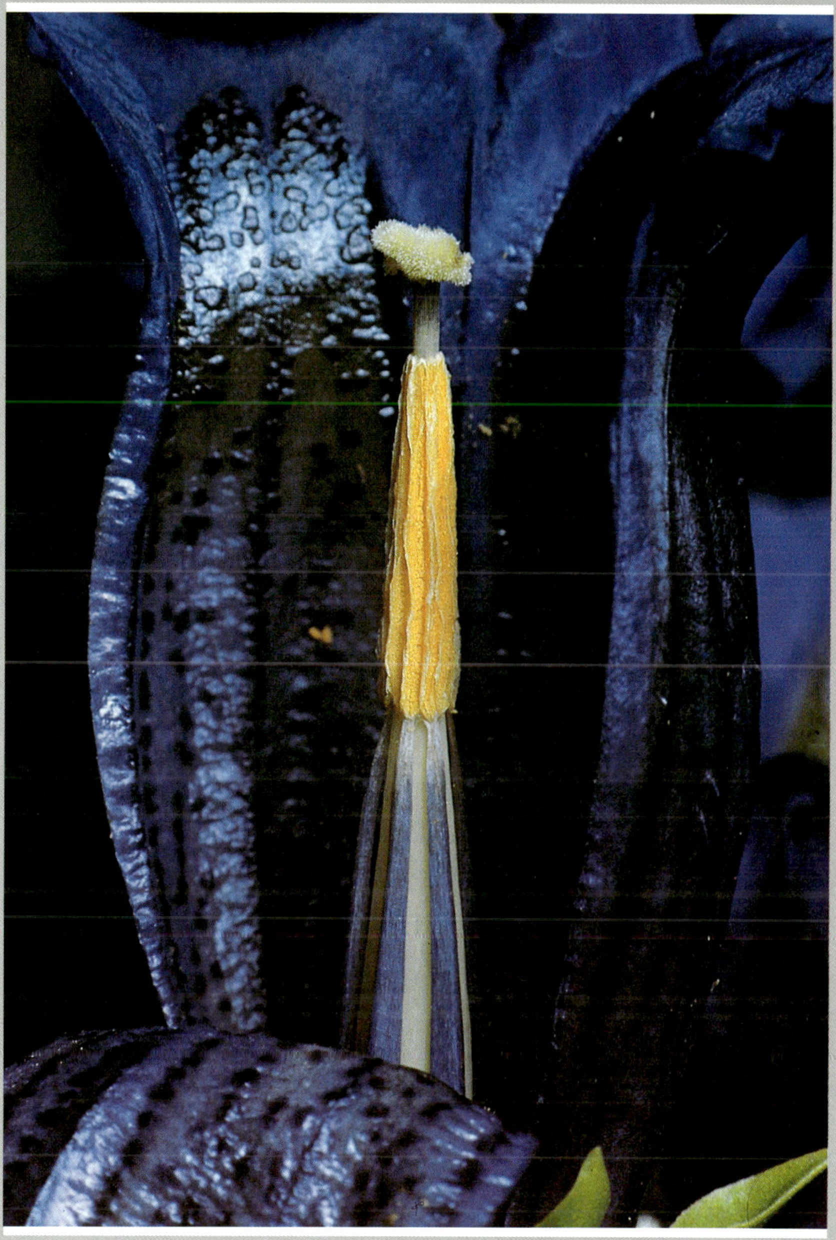

In der Blütenglocke des Stengellosen Enzians steigen innen dunkelblau-violette Punktreihen und seidiges Grün auf. Wie eine Säule wirkt der aufrechte Stempel mit den bandartigen, überblauten Staubfäden, die oben die gelben Staubbeutel tragen, unterhalb der breiten, den Stempel krönenden Narbe.

Arten. Eine davon behielt den Linnéschen Namen *Gentiana acaulis,* Stengelloser Enzian, nachdem man sie eine Zeitlang Kochs Enzian genannt hatte.

Am häufigsten begegnet man bei uns eben diesem Stengellosen Enzian im engeren Sinn, einer Form mit weichen, breiten, bis zehn Zentimeter langen Laubblättern. Seine grossen Blütenglocken weisen innen deutliche Längsstreifen aus olivgrünen Flecken auf. Er bevorzugt kalkarme, saure Böden und kommt in den östlichen Pyrenäen, im Jura, in den Zentralalpen und auf den Gebirgen des Balkans vor.

Auf Kalkböden vertritt ihn bei uns der seltenere Clusius' Enzian *(Gentiana clusii),* den man vor allem an seinen schmäleren, steifen und spitzen Laubblättern erkennt. Seinen Kronen fehlen innen die grünen Flecken.

Ähnlich verhält es sich mit zwei westlich orientierten Enzianen. Wie unsere häufige, kalkscheue Art zeigt auch der Alpen-Enzian *(Gentiana alpina)* grüne Flecken in seinen blauen Blütenglocken. Fast könnte man sie für zu klein geratene Blüten unserer häufigen, breitblättrigen Art ansehen. Doch seine Laubblätter sind ledrig und kaum vier Zentimeter lang. Er tritt in der Sierra Nevada, in den Pyrenäen, in südlichen Alpenketten bis zum schweizerischen Misox auf. Und der Schmalblättrige Enzian *(Gentiana angustifolia)* mit seinen etwas heller blauen Blumenglocken wächst auf Kalkböden im Westen, in den Pyrenäen, den Cevennen, im südlichen Jura und in den Südwestalpen.

Aber den meisten von uns, die sich über die prachtvollen Blüten des grossglockigen Enzians freuen, fallen die Merkmalsunterschiede dieser einzelnen Arten so wenig auf, wie Linné sie beachtet hat. Dennoch sind sie aufschlussreich. Denn sie veranschaulichen, wie sich eine jahrmillionenalte, tertiäre Pflanzensippe, wohl unter dem Druck der Eiszeiten, die ihr ursprüngliches Verbreitungsgebiet zerteilten, weiterentwickelt hat. Isoliert, wandelten sich die einzelnen Gruppen unabhängig voneinander, bildeten besondere Merkmale aus, spezialisierten sich auf kalkreichen oder kalkarmen Boden. Und nun unterscheidet sich jede von den übrigen. Nicht auffällig, doch deutlich für einen aufmerksamen Blick.

Auch der Volksmund unterscheidet die einzelnen Arten der Stengellosen Enziane nicht. Aber er verleiht ihnen allen zusammen die verschiedensten Namen. Nach der auffälligen Form heissen sie Glocken, Gloggn, Gluckn, nach ihrer leuchtend blauen Färbung und der Ähnlichkeit mit einem Fingerhut: Blauer Fingerhut. Steiglogga nennt er sie, wenn sie auf steinigem Boden gedeihen, Bodengloggn, weil sie so kurzstengelig sind. Der Name Bitterwurz weist darauf hin, dass auch die Stengellosen Enziane als Heilpflanzen Verwendung fanden.

Stengelloser Enzian

Bist du verzagt,
weil dich so vieles überragt?
Schau in dies holde Angesicht
und merk: Am Stengel liegt es nicht!

Karl Heinrich Waggerl

Glogga
Steiglogga
Gloggablueme
Wedagloggn
Almgloggn
Bodengloggn
Holzgluckn

Guggerschuh
Guggerhandschuh
Kukurantschen

Blauer Fingerhuet
Fingerhut
Fingerschuh

Blaue Hosen
Höseli
Schwizer Hösli

Chlepfer
Chessler
Pflotschge
Pflatscher
Schnelln
Klöschbuschen

Himmelschlüssel

Bitterwörzeli
Bitterwurz
Zitterkraut

Flur da schlops
Pluffers
Calderon

22 Tief azurblau sind auch die Blüten unseres Frühlings-Enzians *(Gentiana verna).* Wie jedes Enzianpflänzchen ist auch dieses ein Ergebnis einer jahrmillionenlangen Entwicklung. Doch wir sollten darüber seine Schönheit nicht übersehen. Schönheit ist in der Natur immer eine Folge der Lebendigkeit.

Enzianblüte

Du stehst von Sommerfreude trunken
Im seligen Licht und atmest kaum,
Der Himmel scheint in deinen Kelch
versunken,
Die Lüfte wehn in deinem Flaum.

Und wenn sie alle Schuld und Pein
Von meiner Stelle könnten wehen,
So dürft ich wohl dein Bruder sein
Und stille Tage bei dir stehen.

So wäre meinen Weltenfahrten
Ein selig leichtes Ziel ersehn,
Gleich dir durch Gottes Träumegarten
Als blauer Sommertraum zu gehn.

Hermann Hesse

Nicht weniger strahlend blau als der grossglockige Enzian setzt sich unser Frühlings-Enzian *(Gentiana verna)* ins Bild. Zwar sind seine Blüten unvergleichlich kleiner als jene des Stengellosen Enzians, aber dafür tritt er gesellig auf, eine Blattrosette dicht an die andere gerückt, ein tiefblauer Blütenstern neben dem anderen.

Auch der Frühlings-Enzian legt seine Knospen bereits im Herbst an, und die elliptisch-lanzettlichen, zugespitzten Blättchen werden ebenfalls bald ausgebildet. Durch die Schneedecke geschützt, kommt er dann mit einem Minimum an Tätigkeit durch den Winter, bis ihn eine ganz bestimmte Kombination von Veränderungen wieder drängt zu voller Aktivität.

Wärme setzt ein, der Schnee weicht zurück, Schmelzwasser rieseln und gluckern und durchtränken den Boden, winterfahle Matten, Felsbänder und Schutthalden werden frei. In Kürze ergrünen die winterlich braunroten Blättchen des Frühlings-Enzians, die Knospen füllen und strecken sich rasch. Im Nu leuchtet sein Blau knapp über dem Boden aus mageren Weiden, aus Flachmooren, aus trockenen und feuchten Matten, aus Schutthalden und von Felsgraten herab: Ein nicht zu übersehender Bote des Frühlings, der aus tiefgelegenen Gebieten bis weit über die Baumgrenze hinauf vorrückt.

Seine Blüten sind fünfstrahlige, gebreitete, azurblaue Sterne, etwa zwei Zentimeter im Durchmesser. Und zwischen den Zipfeln des Blütensternes sitzen kleine weissgestreifte, zweispaltige Blattzähnchen. Die runde, helle, weit heraufgeschobene Narbe bildet das Zentrum dieses Enziansterns. Nach unten verjüngt sich die Blüte in eine enge, lange Röhre; sie sitzt in der schmalen Manschette des Kelchs.

Ab und zu, nicht häufig, blüht unser Frühlings-Enzian in anderen Farben: heller blau, hell lila oder dunkelviolett, auch bläulichweiss, reinweiss oder zweifarbig, mit weissem Schlund und blauen Sternzipfeln.

Langrüsselige Schmetterlinge bestäuben die Blüten. Andere nektarlüsterne Gäste haben keine Chance, den süssen Saft, der unten am Grund der engen, langen Kronröhre austritt, zu erreichen. Zudem verschliesst ihnen oben die runde Narbe den Eingang.

Zu den eifrigsten Besuchern des Frühlings-Enzians zählt das Taubenschwänzchen, ein flinker, kleiner, unscheinbar gefärbter Schwärmer, der bei Tag fliegt. Den ungewöhnlichen Namen hat es nach seinem gespreizten, fächerförmigen Haarschwanz am Ende des pelzigen Körpers bekommen. Propellerschnell mit den Flügeln surrend, hängt das Taubenschwänzchen über dem blauen Enziankissen

Blaues Nägeli, Schusternagerl

in der Luft, mit dem langen, feinen Rüssel zielsicher und flink in die Blüten stechend. Mit einem Ruck wechselt es den Platz, führt den Rüssel wieder ein, zapft die nächste Blüte an. In ein paar Minuten hat es mehrere hundert Blüten besucht und bestäubt!

Unser Frühlings-Enzian ist weit verbreitet. Er hält sich in allen Höhenlagen auf, von der Ebene - in die er ab und zu hinabgeschwemmt wird - bis in Höhen von über 3000 Metern, wenn er sich auch offenbar in der subalpinen Stufe der Gebirge am wohlsten fühlt. Er stellt an den Boden keine speziellen Ansprüche, besiedelt nicht nur die Alpen, sondern auch das Alpenvorland und den Jura, Gebirge Spaniens und Zentralfrankreichs und die Pyrenäen. Er kommt in England, Irland und in Norwegen vor, besiedelt im Süden den Apennin, im Osten den Balkan und die Karpaten und dehnt sich noch weiter bis in die Mongolei hinein aus. Ein enormes Gebiet, in dem zur Frühlingszeit unzählige seiner azurblauen Sterne blühen.

Auch er hat sich aus einer uralten Stammform herausentwickelt. Neben ihm, dem heute Weitverbreiteten, entstanden noch andere, zum Teil spezialisierte Sippen, die kleinere Gebiete bewohnen; sie lassen sich nicht leicht von ihm unterscheiden. Meist werden auch sie als Frühlings-Enzian bezeichnet, als Blaue Nägeli oder Schusternagerl - denn auch ihre Blüten ähneln in der Form Nelkenblüten - oder als Blitznägele, als Rossmuckenveigerl nach alten Vorstellungen vergangener Jahrhunderte.

Blaues Nägele
Schusternagerl
Schuhmachernägala
Schumacherlin
Franzosennägele
Guckernagerl
Rabennagerl
Krappennägele
Grabsernägeli
Steinägeli
Wetternägeli
bloa Kutt
Stiernägeli
Krahschinkeln
Stiefeli
Riedglöggli
Steiglöggli
Gröfli
Grifle
Jörgenägeli
Wilde Jufenönli
Himmelsblüemli
Himmelbläueli
Himmelsstern
Sterneblüemli
Tinteblüemli
Hosenfärberle
Rauchfangkehrer
Soldatenblümli
Rossmuckenveigerl
Rossmucka
Hausanbrenner
Blitznägele
Toteblümli
Chlev da tschêl
sparrachamius

Der Rundblättrige Enzian *(Gentiana orbicularis),* ein sehr naher Verwandter unseres Frühlings-Enzians, ist eine ausgesprochene Kalkfelspflanze. Er ist in Höhen zwischen etwa 2000 und 2800 m anzutreffen und lässt sich gut an seinen dichten Rosetten aus kleinen, runden Laubblättchen erkennen. In seiner kargen Welt bildet er weithin leuchtende blaue Blüteninseln.

Nahe Verwandte

Wie beim grossglockigen Stengellosen Enzian kann man auch beim Frühlings-Enzian die gegenwärtige Lage erst verstehen, wenn man die Vergangenheit mit einbezieht. Grundsätzlich lief die Entwicklung in beiden Fällen gleich: Aus einer uralten Stammform differenzierten sich allmählich die heute offensichtlich nahe verwandten Arten. Dieser kurze Satz schlägt einen Bogen über Jahrmillionen hinweg. Er presst ein immenses lebendiges Geschehen in wenige dürre Worte. Es ist gut, wenn wir uns diese Tatsache ins Bewusstsein rufen, denn wir sind heute solche knappen Aussagen schon allzu gewohnt. Das bringt die Gefahr mit sich, dass wir sie hinnehmen, ohne ihren Inhalt auch nur kurz auf uns wirken zu lassen, ohne ihn für uns lebendig und weit zu machen. Nur zu leicht gibt man sich dann der Täuschung hin, wir hätten bereits alles durchschaut und begriffen.

Die Vergangenheit unserer Frühlings-Enziane und der ihnen nahestehenden heimischen Arten, erscheint uns heute von prägnanten, ordnenden Strömungen mitbestimmt: Aus einer Urform, die wir im Tertiär vermuten – in einer über etwa zwanzig Jahrmillionen entfernten Vergangenheit! –, entwickelten sich drei Stämme, die sich dann bei uns in Europa im Laufe der Eiszeiten und danach weiter differenzierten. Einem dieser drei Stämme entsprossen in der Folge unser Frühlings-Enzian und einige Arten, die ihm äusserlich noch heute sehr ähnlich sind. Aus einem weiteren Stamm entwickelte sich der Bayerische Enzian heraus und eine westliche Art, und dem dritten entstammen der kleine Schnee- und der Schlauch-Enzian *(Gentiana nivalis* und *G. utriculosa).*

Nach diesem Blick in die Vergangenheit verstehen wir, warum einige Enzianarten unserer Gebirgszüge dem Frühlings-Enzian so verblüffend ähnlich sind: Dieselben azurblauen Blütensterne – die Kronzipfel hier runder, dort mehr zugespitzt, die Blütenröhre schlanker, der Kelch geflügelt oder nicht –, der gleiche niedere Wuchs, mehr oder weniger dichte Polster aus hier grossen, dort kleinen Blattrosetten, die Laubblätter breitoval, schmal, glänzend, stumpf, lang oder kurz. Kein Wunder, dass man sie erst allmählich unterscheiden lernte – eine Art davon, der Rundblättrige Enzian, wurde erst 1880 entdeckt, das heisst als eigenständig erkannt –, dass sie heute noch häufig in Bausch und Bogen einfach als Frühlings-Enzian bezeichnet werden und dass sie auch die gleichen Volksnamen aufweisen.

Erst wenn man sie an Ort und Stelle sieht, in ihrem natürlichen Lebensraum, versteht man, dass es sich bei ihnen keineswegs um Produkte fachlicher Haarspaltereien handelt, sondern tatsächlich um verschiedene eigenständige Sippen, die sich offenbar im Bannbereich der Eiszeiten auseinanderentwickelt haben. Im Überblicken erkennt man dann auch, dass heute jede von ihnen ein ganz bestimmtes Areal besetzt, sich an einen gewissen Boden, an eine spezielle Höhenlage gebunden zeigt. Indem sie sich einfügte in diesen besonderen Lebensbereich, vom Klima, von Konkurrenten, von eigenen Anlagen gedrängt, veränderte sich auch ihr Aussehen. Nicht viel, nur im engen Rahmen des Möglichen; die Kronblätter wurden rundlich oder spitz, die Laubblätter schmäler, die Rosetten locker oder dicht.

Heute wird unser Frühlings-Enzian in grösseren Höhen von zwei anderen Arten vertreten oder abgelöst; er selbst steigt nur gelegentlich bis etwa 3000 Meter hinauf. Die eine Art, der Kurzblättrige Enzian *(Gentiana brachyphylla),* – mit breitovalen, glänzenden Laubblättchen und kaum gestielten Blüten –, besiedelt in den Pyrenäen und Alpen kalkarme Böden und kommt nur in Höhen ab 2000 Meter vor. Auf dem Matterhorn kann man ihn sogar noch in Höhen von 4200 Metern antreffen! Der zweite, der Rundblättrige Enzian *(G. orbicularis)* fühlt sich nur auf Kalkböden wohl, zeigt sich dort ausschliesslich auf trockenen oder kurzrasigen Stellen in Höhen zwischen etwa 2000 und 2800 Metern. Er hat sich in eine ganz spezielle Lebenswelt eingepasst und ist nun auch gefangen in ihrer Enge. Dafür ist sein Verbreitungsgebiet recht gross: von den Pyrenäen über die Alpen, den Kaukasus, über Kleinasien hinweg bis nach Persien. Zu seinen charakteristischen Merkmalen zählen die dichten Rosetten aus kurzen, rundlichen Laubblättern, und die Zipfel seiner Blüten sind ebenfalls deutlich abgerundet.

Auch der zierliche Zwerg-Enzian *(G. pumila)* ist ein Kalkliebhaber und lebt in Höhen zwischen etwa 1600 und 2400 Metern. Doch kommt er dem weitverbreiteten Rundblättrigen kaum ins Gehege, denn er besiedelt ausschliesslich die Ost- und Venezianischen Alpen. Ebenfalls ein sogenannter Endemit – eine Sippe, die nur in einem relativ eng begrenzten Gebiet vorkommt – ist der Triglav-Enzian *(G. terglouensis),* eine Art mit dichten Blattrosetten aus winzigen, höchstens fünf Millimeter langen Laubblättchen. Er ist in den Süd- und Ostalpen zwischen 1900 und 2700 Metern auf Kalkböden heimisch.

Dass auch beim Frühlings-Enzian der in tiefer Vergangenheit entspringende Entwicklungsfluss noch immer weiterströmt, zeigt der südliche Karst-Enzian *(G. tergestina).* Er tritt auf trockenen Wiesen über Kalkboden zwischen 300 und 2000 Metern auf und gilt als verhältnismässig junge, nahverwandte Sippe unseres Frühlings-Enzians.

Der Bayerische Enzian *(G. bavarica)* gehört nicht mehr zum engsten Kreis um den Frühlings-Enzian. Seine dicht beblätterten Triebe bilden rasenartige Flächen, seine Blätter sind breit, häufig die oberen grösser als die unteren, und seine einblütigen Stengel sind meist auffallend lang. Er liebt Feuchtigkeit, kommt oft mit der rosablühenden Mehlprimel gemeinsam vor, fühlt sich in mittleren Lagen am wohlsten und verändert sein Aussehen ein wenig, wenn er höher hinauf oder tiefer steigt. Er ist in den Alpen, in den Abruzzen und im Apennin heimisch. Bereits 1516 wurde unser Bayerischer Enzian als Alpen-Enzian beschrieben.

Schnee-Enzian

Plötzlich entdeckt man ihn: ein schmales, in den Boden gestecktes Sträusschen mit kleinen, gegenständigen Blättern und weit gebreiteten, blauen Blütensternen mit zierlichen, spitzen Zipfeln. Es ist nicht allein. Wenn man sich umsieht, findet man da und dort noch ein solches Enziansträusschen, ein wenig kleiner vielleicht oder grösser, fünf Zentimeter, zehn, vielleicht sogar zwanzig Zentimeter hoch. Es kann auch kein Zweifel bestehen: das ist Schnee-Enzian!

Es ist ein kühler Tag. Wohl scheint die Sonne, aber dieser kalte Wind! Eisig weht und zieht er hier oben. Nun verhüllt auch noch eine Wolke die wärmende Sonne. Wir ziehen nun doch noch Wolljacken an. Als wir uns dem Schnee-Enzian wieder zuwenden wollen – ist er nicht mehr da!

Haben wir ihn etwa umgetreten? Unmöglich! Hier, zwischen Glockenblumen und den Fruchtschöpfen der Nelkenwurz stand der erstgefundene doch. Und da steht er auch! Aber ohne Blüten. Unscheinbar, zu übersehen, schmal, grün im Grünen. Auch die übrigen, die wir vorhin entdeckten, sind ausgelöscht.

Nach einer Weile wird die Sonne wieder frei, schüttet Licht über unseren Berghang aus und wärmt rasch, so dass wir die Reissverschlüsse unserer Windjacken öffnen müssen. Und wir erleben, wie der zierliche Schnee-Enzian vor uns wieder seine leuchtenden Sterne entfaltet. So rasch! Mit ihm sind auch die übrigen rundum wieder sichtbar geworden.

Der Schnee-Enzian besitzt die beweglichsten Blüten nicht nur unserer Enziane, unserer Alpenblumen überhaupt. Auf Temperaturunterschiede reagiert er am empfindlichsten und am schnellsten. Binnen Minuten schliesst oder öffnet er seine Sterne, und dies kann sich mehrmals während einer Stunde wiederholen, ohne dass sich seine Willigkeit erschöpft oder sein Tempo verlangsamt. So nützt er jede Wärme aus, verschliesst sich aber auch rasch jedem Kühleeinbruch. Vielleicht hat ihn eben diese Eigenart mit dazu befähigt, einst als einziger dieser Enziangruppe in die Arktis Europas und Nordamerikas vorzudringen. Vielleicht aber erwarb er sich diese auch erst auf seiner nordgerichteten Wanderschaft. Überhaupt zählt dieser kleine, zierliche Enzian zu den Weitgereisten. Bei uns in den Alpen ist er verbreitet und nicht selten in Höhen zwischen 1700 und 3000 Metern. Darüber hinaus besiedelt er die Gebirge von den Pyrenäen bis zu den Karpaten, den Apennin, die Abruzzen, die Balkangebirge und ist nordwärts noch in Irland, Grönland und im arktischen Nordamerika zu finden. Im Osten tritt er auch in Kleinasien auf.

Noch weitere Eigenheiten zeigt der kleine Zierliche: Er zählt zu den wenigen einjährigen Pflanzen unserer Alpenflora. Er wächst also jedes Jahr in wenigen Wochen immer wieder aufs neue aus Samen heran. Er streut auch sehr viele Samen aus. Doch besuchen ihn Insekten kaum. Vielleicht bestäubt er sich ausschliesslich selbst.

Ein blühendes Pflänzchen des Schnee-Enzians *(Gentiana nivalis)* wirkt wie ein in den Boden gesteckter, zierlicher Blumenstrauss. Diese zarte Enzianart ist in den Alpen in Höhen zwischen 1700 und 3000 m weit verbreitet und keineswegs selten, doch man entdeckt sie nur, wenn die Sonne scheint. Ist es kühl, schliesst sie die Blüten und ist fast unsichtbar.

Eigentlich fällt der Gelbe Enzian *(G. lutea)* nicht erst in der Blütezeit auf. Bereits im Frühling ist er nicht zu übersehen. Rund wie ein Kohlkopf sitzt dann sein dichter Schopf aus grossen Blättern in den noch kurzgrasigen Weiden und Matten, in Flachmooren, Hochstaudenfluren und Schutthalden. Allmählich streckt er sich und wird zur stattlichen, meterhohen Pflanze mit fingerdickem, hohlem Stengel, mit auffälligen, grossen, elliptischen Blättern, die von starken Bogennerven durchzogen sind und gegenständig am Stengel stehen. Ein Blatt sitzt also jeweils einem anderen gegenüber.

Mit dieser Gestalt hat der Gelbe Enzian einen sehr giftigen Doppelgänger, den Germer *(Veratrum album)*. Die beiden werden ausserhalb der Blütezeit häufig miteinander verwechselt, obwohl der Germer ein sehr deutliches Unterscheidungsmerkmal zeigt: Seine grossen Blätter sind wechselständig angeordnet, sie stehen einander nicht direkt gegenüber.

Die Pflanzen des Gelben Enzians wachsen sehr langsam heran. In freier Natur blühen sie das erstemal im zehnten Jahr, nicht selten noch später. Nach jeder Blüte setzen sie wieder jahrelang mit Blühen aus. Da sie aber vierzig bis sechzig Jahre alt werden und jeweils viele Samen verstreuen, wäre dennoch für genügend Nachwuchs und eine gesicherte Zukunft dieser Enziane ausreichend gesorgt.

Seine mehrköpfige Pfahlwurzel ist erstaunlich kräftig und gross. Sie kann armdick, bis über einen Meter lang und über sechs Kilogramm schwer werden! Ein enormer Speicher, auf den nicht nur jedes Frühjahr zurückgegriffen wird, wenn die stattliche Pflanzengestalt des Gelben Enzians wieder neu aufzubauen ist, der vor allem bei der Ausbildung der etwa hundert Blüten und der vielen tausend Samen kräftig angezapft werden muss!

Die ungewöhnlichen Blüten zeigen, dass der Gelbe Enzian auf einem Sonderplatz unter unseren Enzianen steht. Sie sind weder glockig, noch erweitern sie sich aus einer langen schmalen Kronröhre zu einem gebreiteten Stern, wie etwa bei den Frühlings-Enzianen. Seine dichten Blütenbüschel sind ein Gewirr aus schmalen, spitzen, gelben Blütenblättern, aus gelben Staubgefässen und grünen, Narben tragenden Säulchen. Erst wenn man sich näher mit diesen seltsamen Enzianblüten befasst, die dicht gedrängt in den Achseln der oberen Blätter beisammensitzen, enthüllen sie sich als langgestielte, goldgelbe Sterne aus je fünf bis neun schmalen Blütenblättern, die am Grund zu einer angedeuteten Kronröhre verwachsen sind. Durch diesen Blütentypus gibt sich der Gelbe Enzian als eine altertümliche Art zu

Der Gelbe Enzian und syne wurtzel

Der weitverbreitete Gelbe Enzian *(Gentiana lutea)* kann bis 1 m hoch werden und wird ausserhalb der Blütezeit häufig mit dem Weissen Germer *(Veratrum album)* verwechselt, der jedoch wechselständige Blätter besitzt. Die mächtige, bis 6 kg schwere Wurzel des Gelben Enzians wurde früher unmässig gesammelt und zur Schnapserzeugung verwendet; daher ist die Pflanze selten geworden.

34

Die ungewöhnlichen Blüten des Gelben Enzians *(Gentiana lutea)* sitzen in den Achseln von schalenförmigen, grossen Blättern büschelig beisammen. Jede Blüte ist ein gestielter, goldgelber Stern aus 5–9 schmalen Blütenblättern. An Bestäubern fehlt es den Blüten nicht; sie sondern an der ringartig erhöhten Basis des Fruchtknotens reichlich frei zugänglichen Nektar ab.

erkennen, mit Merkmalen eines Pflanzengeschlechts, das vor vielen Jahrmillionen, in der Jugendzeit unserer Alpen, aus Asien zugewandert sein dürfte.

Heute reicht sein Verbreitungsgebiet von spanischen und französichen Gebirgszügen bis Kleinasien – doch in den östlichen Alpen fehlt der Gelbe Enzian –, im Süden bis Sardinien, Korsika und in den Apennin hinein. Er bevorzugt Kalk, kommt aber auch auf kalkarmen Böden vor, fühlt sich offenbar in mittleren Höhenlagen am wohlsten, steigt aber auch weit ins Vorland, in Höhen bis 300 Meter hinab. Da und dort klettert er sogar bis 2500 Meter hinauf. Meist hält er sich dabei an niederschlagsreiche Lagen.

Bei schönem Wetter summt, orgelt und schwirrt es in seinem ungeordneten, goldgelben Blütengewirr. An Bestäubern fehlt es ihm nicht, denn an der ringartig erhöhten Basis der Fruchtknoten tritt reichlich frei zugänglicher Nektar aus.

Zielgerichtet und ungestüm drängen Hummeln kopfunter zum Blütengrund, Bienen surren an und verschwinden zwischen schmalen Blütenblättern, und die einen wie die andern verschleppen den Pollen dabei, der in ihren Pelzen haften bleibt. Fliegen kommen, eilen und schnüffeln nach Nektar. Eine Weile turnt ein grünschillernder Bockkäfer unschlüssig herum, reckt die Fühler und winkt. Schliesslich drückt auch er, begreifend, den Kopf hinunter zum Blütengrund. Doch er fliegt bald wieder ab, die Schüssel war wohl schon leer. Er landet auf der nächsten Etage, wird von einer Hummel, die weiss, was sie will, derb angerempelt, turnt wieder eine Zeitlang mit winkenden Fühlern planlos herum und beginnt aufwärts zu klettern, über Blütenblätter, Narben, Staubgefässe, ein Stück den Stengel entlang, wie es kommt. An einer Skorpionfliege marschiert er vorbei; sie ruht auf einem der grossen Blätter, die sich wie breite Schalen wölben unter dem Blütengewirr.

Zwischen Scharfem Hahnenfuss, hohem Salbei und Gelbem Eisenhut stehen weitere Gelbe Enziane mit sechs Blütenetagen, mit fünf und mit vier. Auch um sie surrt und eilt es nicht weniger heftig, und mit derselben Planlosigkeit klettern auch an ihnen einzelne fühlerwinkende, schmale, grüne Bockkäfer hin und her und hinauf; die Halsschilder der Männchen sind auffallend rot. Gelegentlich nippen sie vom süssen Saft. Ab und zu begegnet einer dem andern, sie nehmen keinerlei Notiz.

Hohe Grasfahnen wehen im leichten Luftzug. Gelber Fingerhut blüht, hoher Klappertopf schwankt. Drüben steht ein Stengel voll von Türkenbundknospen, und grosse, gelbe Bocksbart-Sterne fallen auf im Bunt. Kleine dunkle Augenfalter fliegen hüpfend durch den Duft, der sich aus süssen, herben, feinen und heftigen Gerüchen zusammensetzt.

Ein paar Wochen später tragen die Enziane statt der Blüten spitze, kegelförmige Kapseln; kaum eine Blüte blieb unbestäubt. In ihnen reifen kleine, geflügelte Samen heran, etwa hundert in jeder Kapselfrucht. Das ergibt pro Pflanze rund zehntausend Samen in einem Jahr!

Die wurtzel ist bitter und geel.

Der Gelbe Enzian hat schon früh Beachtung gefunden, doch liegt dies weder an seiner Auffälligkeit noch an seiner weiten Verbreitung. Ausschlaggebend dafür war die Heilkraft seiner mächtigen Wurzel. Griechen und Römer nützten sie, und wahrscheinlich wussten auch die Illyrer bereits im zweiten vorchristlichen Jahrhundert davon. Der Gelbe Enzian ist auch heute noch in Illyrien weit verbreitet.

Aus dem ersten Jahrhundert nach Christi stammen ausführliche schriftliche Überlieferungen über die Verwendung der Enzianwurzel. Plinius berichtet darüber, und Dioskorides - Grieche, römischer Militärarzt und bekanntester Pharmakologe des Altertums - gibt in seiner fünfbändigen *Materia medica* genaue Hinweise auf Aussehen und Standort der Pflanze, auf Zubereitung und Anwendung ihrer Wurzel. Sie wird als Heilmittel gegen den Biss von Schlangen und anderen Gifttieren gerühmt, gegen Leibschmerzen, Leber- und Magenleiden, Krämpfe, innere Verletzungen und die Folgen eines Sturzes. Äusserlich wurden Wunden und Geschwüre mit einem Absud aus Enzianwurzeln behandelt.

Im zweiten nachchristlichen Jahrhundert empfahl der griechische Arzt Galenos in seinen die antike Heilkunde zusammenfassenden Schriften den Enzian zusätzlich als Heilmittel gegen die Gicht. Damals, und über das zu Ende gehende Mittelalter hinaus, brachte man den Pflanzen und damit auch dem Enzian ausschliesslich ein medizinisch ausgerichtetes Interesse entgegen. Die Pflanzenkunde stand immer noch im Dienst der Medizin. Eine selbständige Botanik gab es nicht.

Es ist daher auch nicht verwunderlich, dass die Kräuterbücher, die zu Ende des Mittelalters im deutschen Sprachraum erschienen, keine botanischen Werke in unserem heutigen Sinne waren. Sie waren praktische Handbücher für den Arzt und für den medizinisch interessierten Laien. Eine botanische Beschreibung der Pflanzen fehlte den ersten Kräuterbüchern ganz, oder sie beschränkte sich auf wenige Worte. In erster Linie beschäftigte sich der Text mit der Heilwirkung der vorgestellten Pflanzen, und zwar in direkter Anlehnung an die antiken Vorbilder, vor allem an Plinius, Dioskorides und Galenos.

1484 erschien das erste, noch lateinisch geschriebene Werk dieser Art mit dem Titel *Herbarius.* Es enthielt rund hundertfünfzig in- und ausländische Pflanzen und stellte diese in recht einfachen Holzschnitten vor. Im Jahr darauf kam es, auf über dreihundertsechzig Holzschnitte erweitert, in deutscher Sprache als *Gart der Gesundheit* heraus. Es stiess auf ein breites Interesse, weitere Auflagen und Nachdrucke sowie Übersetzungen ins Niederdeutsche und Niederländische folgten.

1491 wurde, ebenfalls in Mainz, der *Grosse Ortus Sanitatis* verlegt. Dieses Werk umfasst nunmehr fünfhundertdreissig

Pflanzen, daneben noch Tiere und Steine, und stellt diese in über tausend Textbildern dar. Als aber dann 1530 bis 1536 das dreiteilige Kräuterbuch des Theologen, Arztes und Botanikers Otto Brunfels erschien, es war in Strassburg gedruckt worden, dokumentierte sich ein mehrfacher deutlicher Fortschritt. Brunfels beobachtete die Pflanzen in der Natur, die er als Arzt verschrieb. In seinem Buch gibt er bei vielen die «Statt des Gewächses» (den Standort) und dessen «Gestalt» (das Aussehen) an, und er gewinnt für die Illustration einen hervorragenden Künstler, den Basler Johann Weiditz, Zeitgenosse und wahrscheinlich Schüler Albrecht Dürers. Der Arzt Otto Brunfels ist allerdings noch eng an Dioskorides, Plinius und deren Nachfolger gebunden, wie seine Texte über die medizinische Verwendung der Pflanzen zu erkennen geben.

1539 kommt das *New Kreutterbuch* des Hieronymus Bock heraus, zunächst noch ohne Illustrationen. Als 1546 die zweite, mit fünfhundert Pflanzenholzschnitten versehene Auflage erschien, wurde dieses volkstümlich verfasste, die Pflanzen bereits recht anschaulich beschreibende Werk ein ungewöhnlicher und lange anhaltender Erfolg.

Fast zur gleichen Zeit, 1542, brachte Leonhard Fuchs – Mediziner und Botaniker und Philologe – in Basel sein prachtvolles, mit fünfhundertneun blattgrossen Holzschnitten versehenes Kräuterbuch heraus, zunächst noch in lateinischer Sprache. Schon im Jahr danach erschien eine überarbeitete deutsche Ausgabe mit einem übersichtlich geordneten Text und – erstmalig – einem Register der Krankheiten. Es zählt zu den schönsten botanischen Veröffentlichungen der Renaissance.

Diese alten Kräuterbücher sind mehr als nur Kuriosa aus einer längst vergangenen Epoche. Deutlich zeigt sich an ihnen, wie sich damals, vor einem halben Jahrtausend, schrittweise ein neues Sehen anbahnte, ein Entdecken der Pflanzengestalt und ihrer Eigentümlichkeiten, wenn es auch immer noch ausschliesslich Heilpflanzen waren, denen man sich zuwandte. Man bezeichnet heute die Verfasser der späten Kräuterbücher als Väter der Botanik. Leonhard Fuchs und sein Verleger Isingrin gingen 1595 bereits so weit, ein Bilderbuch der Heilpflanzen herauszubringen, die Holzschnitte des grossen Kräuterbuches nützend. Aber sie hatten keinen Erfolg damit. Das allgemeine Interesse galt immer noch in erster Linie der Heilwirkung der Pflanzen. Die Pflanze «an sich» war noch nicht entdeckt.

Die sogenannten Kräuterbücher, die Ende des Mittelalters erschienen, waren ursprünglich praktische medizinische Handbücher. In späteren Werken wurden dann die Heilpflanzen genauer beschrieben und kunstvoll abgebildet. Das 1542 erschienene Kräuterbuch von Leonhard Fuchs zählt zu den schönsten botanischen Veröffentlichungen der Renaissance. Es enthält auch ein Portrait der beiden Maler.

Entzian/Gentiana

Die bletter des Entzian komen erstlich bey der wurtzel herfür / und vergleichen sich den Nussbaumblettern / oder dem Wegerich / seind ein wenig rotlecht / doch die mitten am stengel / fürnemlich aber in der höhe desselbigen / steen / sein ein wenig zerkerfft. Der Stengel ist rund / hol / glat / fingers dick / knöpffecht zweyer elnbogen hoch. Die blümen seind geel / erstlich in hülßlin verschlossen / darnach aber so sie gar heraußschlieffen / tun sie sich auff. So die blümen abfallen / gewindt er kleine schäflin / darin ist der breit und glat samen / der geel Veielsame seer ähnlich. Die wurtzel ist lang / dick / außwendig erdenfarb / innwendig geel / am geschmack bitter.

Die krafft und würckung.

Gedörrte Entzian wurtzel zu pulver gestossen / und zwey quintlin davon mit ein wenig Pfeffer und Rauten vermischt in wein getruncken / ist trefflich gut denen so von den gifftigen thiern gebissen seind. Ein quintlin des aussgetruckten safft auß der grüne wurtzel getruncken / vertreibt das seitenwee / bekompt wol denen so hoch herabgefallen / oder inwendig gebrochen seind / dan er zerteylt un füret auß das gerunne blut. Er ist auch gut mit wasser getruncken den lebersüchtigen / und denen so einen schwachen magen haben.
Die wurtzel ist auch nützlich zu den wunden / fürnemlich zu denen so seer tieff seind / und umb sich fressen. Deßgleichen auch der safft / welcher so er in einem tüchlin über die augen geschlagen würdt / leschet er die hitz derselbigen. Der safft dienet zu allerley ungestalt und befleckung der haut / darmit bestrichen.
In summa / Entzian wurtzel und der safft darvon / zerteylen / reynigen / seubern / un nemen hinweg allerley verstopffung. Seind ein treffenliche artzney für allerley gifft / und bekomen seer wol dem schwachen magen.

Aus dem Kräuterbuch
von Leonhard Fuchs (1542).

Enzianschnaps und Wurzelgräber

Auch weiterhin behielt die Wurzel des Gelben Enzians - die Bitter-, Fieber- oder Hochwurzel - ihren guten Ruf. Ihr medizinischer Wert geht vor allem auf den Gehalt an Bitterstoffen zurück, die in Form von drei Glykosiden - dem Gentiopikrin, Gentiamarin und Gentiin - hauptsächlich in der Wurzel enthalten sind.

Seit langem spielt in den Alpenländern auch der Enzianschnaps eine bedeutende Rolle als Medizin. «Und die Enzawurz'n is a guete Wurz'n, is a guete Medizin. Ja wenn's im Magen drein oft tuet recht saggrisch schneid'n, nimm i alleweil a Glasl ein», heisst es in einem alten Tiroler Volkslied aus dem Inntal.

Die Enzianbrennerei hat in den Alpen eine sehr lange Tradition. Schon 1554 berichtete der Strassburger Arzt Hieronymus Braunschweig in seinem *Destillierbuch der rechten Kunst* - dem ersten Buch über die Destillierkunst in deutscher Sprache - hinsichtlich des Gelben Enzians: «Die beste Zeit seiner Destillierung ist / die Wurzel mit Kraut gehackt am Ende der Hundstag / Enzianwasser getrunken des morgens nüchtern 3 Lot / verlängert dem Menschen sein Leben / und ist gleich als Verbena und Bibernell / wenn es verzehret schleimige Matery im Magen.»

Der Vorgang des Brennens ist einfach. Die grossen Wurzeln werden sofort nach dem Graben in kleine Stücke geschnitten, in Fässer gefüllt und mit Wasser übergossen. Sechs bis acht Wochen stellt man nun die verschlossenen Fässer in einen warmen Raum. Häufig brachte man sie im Viehstall unter. Sobald die Gärung abgeschlossen ist, wird zweimal destilliert.

Neben dem Gelben wurden auch der Punktierte, der Purpur- und der Braune Enzian verarbeitet. Man nahm die Art, die in der entsprechenden Gegend häufig zu finden war, denn zum Schnapsbrennen eignen sich nur frisch gegrabene Wurzeln. Wo gelb- und rotblühende Arten nebeneinander reichlich auftraten, gab man dem roten Jenzer oder Enzeler den Vorzug, so in der Schweiz dem Schnaps aus dem Purpur-Enzian, in den Bayerischen Alpen und in Österreich dem Enzeler aus dem Braunen Enzian. Sein Geschmack ist milder, weniger herb. Am wenigsten beliebt war der nach Erde schmeckende Schnaps aus der Wurzel des Punktierten Enzians. Heute ist diese Art in manchen Alpengebieten mit alter Schnapsbrennertradition noch die am häufigsten auftretende.

1796 schrieb der im Allgäu gebürtige Arzt Joseph A. Froelich in seinem Buch *De Gentiana libellus* über die Schnapsbrennerei im bayerischen und österreichischen Alpenraum: «Aus den frischen Wurzeln von Gentiana lutea (Gelber Enzian) und pannonica (Brauner Enzian) destillieren die Einwohner in Berchtesgaden, der Steiermark, Bayern und im Allgäu einen starken Schnaps … Sie machen von ihm als Kräftigungsmittel sehr reichlichen Gebrauch. Am meisten verarbeitet man in Tirol und im Allgäu dafür Gentiana pannonica, die als Mittel gegen Schwächezustände besonders empfohlen wird. Der Schnaps ist ein ausgezeichnetes Magenmittel und täuscht über das Hungergefühl hinweg.»

Seither ist der ehedem bäuerliche Enzianschnaps zum Massenartikel geworden, der in entsprechend grossem Stil hergestellt wird. In den zwanziger Jahren wurden in der Schweiz jährlich etwa 340 000 Kilogramm Wurzeln destilliert. In den dreissiger Jahren verarbeiteten Münchner Likörfabriken im Jahr rund je 15 000 bis 20 000 Kilogramm frische Wurzeln aus Tirol, Italien und der Schweiz.

Interessant sind in diesem Zusammenhang auch die Einfuhrzahlen für getrocknete Wurzeln, die 1905 in Hamburg registriert worden sind. Insgesamt langten dort auf dem Seeweg 152800 Kilogramm getrocknete Wurzeln ein, davon stammten 124000 Kilogramm aus Spanien, 23000 aus Frankreich und 5800 aus der Türkei. Dazu addiert sich noch die nicht geringe Einfuhr auf dem Landweg aus europäischen Alpenländern. Darüber hinaus wurden in den dreissiger Jahren jährlich etwa eineinhalb Millionen Kilogramm trockene Enzianwurzeln nach den USA ausgeführt.

Der Sinn für die uralte Faustregel «du darfst nehmen vom Überfluss», die in kurzer Form die richtige Einstellung des Menschen zur Natur aufzeigt, ist uns offensichtlich nicht erst in der Gegenwart abhanden gekommen.

Gegraben wurden die kräftigen, rübenartigen, bis einen Meter langen Enzianwurzeln in der Regel zwischen August und Oktober. Dazu bedienten sich die Wurzelgräber einer besonderen, etwa einen halben Meter langen, gebogenen Hacke. In Gebieten mit reichlichem Enzianvorkommen brachte es ein einzelner, geübter Wurzelhacker auf eine Tagesernte von 200 Kilogramm! Nach dem Abernten wurde das Gebiet in der Umgebung von Berchtesgaden neun bis zehn Jahre, im Waadtland und in den französischen Mittelgebirgen sogar zwanzig bis dreissig Jahre geschont, ehe wieder nach Wurzeln gegraben werden durfte. Häufig knickte man jedoch in dieser Schonzeit die blütentragenden Stengel der Enzianpflanzen, um eine die Wurzel schwächende Samenausbildung zu unterbinden.

In vielen Gebieten war es Brauch geworden, das Grabrecht an berufsmässige Wurzelgräber zu verpachten. Diese zogen oft schon bald nach der Schneeschmelze aus, mitunter mit ihren Familien, um monatelang in enzianreichen Gebieten nach Wurzeln zu graben. L. v. Hörmann erzählt in seinem vor rund hundert Jahren erschienenen Buch *Tiroler Volkstypen* vom Leben solcher Wurzelgräber:

«Eine ständige Staffage der einsamen Hochtäler und Almbezirke sind die Wurzengraber oder Wurzelklauber. Es sind Gestalten wie wandernde Ruinen, braun und verwittert, mit Gesichtern, in denen Sturm und Sonnenglut ihre Zeichen eingetragen haben. Ihre Lebensweise ist auch abenteuerlich genug. Hoch oben auf luftiger Alpenhöhe baut sich der Wurzengraber seine Hütte aus Zirbelbaumzweigen und deckt sie gegen Regen und Schnee notdürftig mit Baumrinden zu. Hier macht er sich wärmendes Feuer auf, kocht und schläft. Küchenzettel und Lagerstätte mag nun freilich höchst einfach sein, desto prächtiger aber ist die Umgebung der Hütte. Rings umher prangen in herrlichstem Grün die üppigen Alpenmatten, von der Ferne hört er das Bimmeln der grasenden Kühe und hellauf jauchzt von der Höhe der Senner ... Die ausgegrabenen Wurzeln legt er auf Felsen in die Sonne zum Trocknen oder trägt sie in sogenannten Burden in die Hütte. So eine gedörrte Wurzel sieht fast aus wie ein starrer Lederfleck. Das Hineinbeissen möchte ich meinem Todfeind nicht anraten; man bringt den «hantigen» (gallbitteren) Geschmack stundenlang nicht mehr von der Zunge. Ein beliebter Scherz der neckischen Dirnen ist es, dem neu eingetretenen Knecht oder Melker den Esslöffel mit Enzianwurzeln tüchtig einzureiben und den Gefoppten, der natürlich das Gesicht grässlich verzieht, weidlich auszulachen.»

Solche Scherze waren übrigens nicht nur in Tirol üblich. In der botanischen Abhandlung *Descriptio Montis Fractis* des Zürcher Naturforschers Conrad Gesner, in der er über seine frühe Besteigung des Pilatus im Sommer 1555 berichtet, findet sich folgender Satz über die Bitterwurz: «Würzelchen dieser Pflanze mischen die Leute gelegentlich der Speise eines anderen bei, um ihn zu necken und bei der Mahlzeit ein Gelächter zu erregen.»

Inzwischen sind nicht nur die Wurzelgräber aus dem Bild der Alpen verschwunden, sondern in weiten Teilen auch unsere hochwüchsigen Enziane. Diese Entwicklung zeichnete sich bereits deutlich ab, als Hörmann um die Mitte des 19. Jahrhunderts sein oben zitiertes Buch schrieb: «Die Arbeit war keine Schwierigkeit damals, als die Wurzeln noch zahlreich die sonnigen Plätze überwucherten. Jetzt aber, da der Enzian fast ausgerottet ist und oft von höchster Höhe zwischen krausem Felsengeklüft herausgeholt werden muss, ist dieser Erwerb einer der beschwerlichsten.» Und 1894 berichtet O. Sendtner in seinem Werk *Die Vegetationsverhältnisse Südbayerns:* «Vor vierundzwanzig Jahren erinnere ich mich auf der Benediktenwand durch Enzianwälder gegangen zu sein. Wenn sich nun heute hier und da noch ein blühendes Exemplar zeigt, so findet man fast überall in ihrem Verbreitungsdistrikt nur Blätter, höchst selten Blüten, nur einzelne verbotene schwer zugängliche Lagen sind noch ihr Asyl.»

Nunmehr stehen die hochwüchsigen Enziane in den meisten Ländern unter gesetzlichem Schutz, und wir bemühen uns um ihre Kultivierung.

Am besten eignet sich dazu noch der Gelbe Enzian. Die beiden für die Schnaps- oder Likörerzeugung noch beliebteren Arten, der Braune und der Purpur-Enzian, haben

Wurzengräberlied
(aus Kärnten, Österreich)

2. Und die Enzianwurz'n is a guate Wurz'n,
is a guate, guate Medizin.
Tuat's mir in Mag'n drein
halt gar so sakkrisch schneid'n,
nimm i glei a Tröpfl Enzian ein.

3. Und die Enziankraxn auf'n Buckl, Buckl,
und'n Enziankramp'n in da Hand.
Stellt si a Wetta ein,
nit weit von Hüttlan fein,
muass i abakraxl'n von da Wand.

4. Und da alte, alte Zipf'lwirt
is gar a guata, guata Mann,
bringg ma ihm Wurz'n ins Haus,
zahlt er uns pünktlich aus,
schaut uns Wurz'ngraber freundli an.

sich, in Kultur genommen, unzuverlässig und weitaus empfindlicher gezeigt. Auch werden ihre Wurzeln nicht so gross wie beim Gelben Enzian.

Zunächst musste man die Keimungsbedingungen der Samen ausfindig machen. Man säte im Herbst die frisch geernteten Samen des Gelben Enzians aus - winzige, rundliche Gebilde mit einem feinen, häutigen Saum - und bot ihnen die günstigsten Bedingungen. Sie keimten nicht. Sogar wenn sie mit Eis bedeckt und einer Temperatur von minus 10 Grad ausgesetzt wurden, zeigte sich kein nennenswerter Erfolg. Manche alpine Pflanzenarten verhalten sich ähnlich wie der Gelbe Enzian. Bei Versuchen im Tiefland kommt es bei solchen, an bestimmte Höhenverhältnisse angepasste Arten mitunter erst nach zehn und mehr Jahren zur Samenkeimung! Führt man jedoch den Samen des Gelben Enzians Feuchtigkeit zu und bringt sie sechs bis sieben Wochen in einem Kühlschrank unter, bietet man ihnen also feuchte Kälte, so erfolgt eine nahezu hundertprozentige Keimung!

Zunächst wachsen die Pflänzchen nur langsam. Erst vom dritten Jahr an setzt ein kräftiges Wachstum ein, und nicht vor dem sechsten Jahr kann die Wurzel geerntet werden. Erfahrungsgemäss enthalten jedoch Wurzeln kultivierter Pflanzen weniger Bitterstoffe als die Wurzeln wild wachsender.

Die besten Erfolge werden erzielt, wenn die Pflanzen nicht zu dicht stehen, etwa ein Gelber Enzian auf einem Quadratmeter Bodenfläche. Das Durchschnittsgewicht seiner sechsjährigen Wurzeln beträgt 0,6 Kilogramm. Daraus ergäbe sich nach sechs Jahren eine Ernte von rund sechzig Kilogramm Enzianwurzeln pro hundert Quadratmetern Fläche. Um eine grössere Likörfabrik mit einem Jahresverbrauch von etwa 18 000 Kilogramm frischer Wurzeln regelmässig, also Jahr für Jahr, beliefern zu können, müssten demnach 18 Hektar Fläche mit Gelbem Enzian bepflanzt werden.

Doch diese Berechnungen berücksichtigen nicht, dass wir beispielsweise noch wenig vom Verhalten des Gelben Enzians in der Kultur sowie von seinen Schädlingen wissen. Sie beleuchten nur eine Seite eines weitverzweigten Komplexes.

Der schöne Braune oder Pannonische Enzian *(Gentiana pannonica)* ist eine Ostalpen-Pflanze, in der Schweiz kommt er nur auf den Churfirsten vor. Er ist dem Purpur-Enzian ausserordentlich ähnlich, zeigt jedoch ein ganz typisches Merkmal: Der Kelch seiner purpurroten, dunkel punktierten Blüten ist glockig und zeigt 5–8 nach aussen gebogene Zähne.

Enzianwälder, wie O. Sendtner sie noch im letzten Jahrhundert gesehen hat, trifft man heute in den Alpen kaum mehr an. Ein einziges Mal entdeckten wir in einem entlegenen Tal einen vom Gelben Enzian ungewöhnlich dicht bewachsenen Steilhang, der das Bild eines solchen Enzianwaldes bot. Da und dort breitet sich der Gelbe Enzian auch vor allem auf Weiden wieder stärker aus. Das Vieh meidet ihn wegen seiner Bitterstoffe und hält zugleich seine Konkurrenten kurz. So kann er sich ungehemmt vermehren und macht sich als Unkraut, das die Weide verdirbt, entsprechend unbeliebt.

In weiten Teilen der Alpen und Voralpen, in den Karpaten und auf der Balkanhalbinsel ist auch unser hoher Punktierter Enzian *(Gentiana punctata)* stellenweise noch relativ häufiger anzutreffen. Offenbar besonders dort, wo seine Wurzel in der Vergangenheit nur wenig begehrt war. Wenn er, je nach Höhenlage, im Juli und August blüht, tragen seine kräftigen, etwas gedrungenen Pflanzen in den Achseln der grossen Blätter und an der Spitze des Stengels dichte Büschel seiner grossen gelben, mit feinen purpurroten Punkten übersprühten Blütenglocken.

Dagegen fällt der Purpur-Enzian *(G. purpurea)* meist kaum auf. Ein paar seiner hohen Stengel mit den grossen gegenständigen Blättern, in deren Winkeln die aufrechten, purpurroten Blüten stehen, ragen da und dort aus Alpenrosengebüsch heraus. In grösserer Höhe sieht man dann und wann ein lockeres Grüppchen zwischen niederen Moor- und Rauschbeerensträuchern, die schon blaue Beeren tragen, wenn er blüht. Zwischen Grünerlen bemerkt man ihn kaum. Wer klettert schon freiwillig in dem dichten Gewirr von Erlenbüschen herum, das auch noch meist steile Hänge überwächst. Und auch in die nasse Wildnis der Hochstaudenfluren dringt höchstens ein Botaniker ein, der dort nach bestimmten Pflanzen sucht; er trifft wohl auch auf Purpur-Enzian.

Verbreitet ist diese Enzianart insbesondere in den Alpen, von Hochsavoyen bis nach Vorarlberg und ins Allgäu hinein, in den Apuanischen Alpen, im Apennin und in Südnorwegen; dorthin wanderte er während der Eiszeiten.

In manchen botanischen Werken wird angegeben, er wüchse – heute noch – gesellig auf Wiesen und Weiden. Aber in allen Jahren trafen wir den Purpur-Enzian nur sehr ungesellig an, vereinzelt, in dürftigen, lockeren Grüppchen. Überreste aus der Zeit der Schnapsbrennerei. Bis er an einem Tag in der zweiten Julihälfte in Scharen am Strassenrand stand! Stengel an Stengel, mit purpurroten Blüten, neben gelben Arnikasternen, Rotkleeschöpfen und dem feinen Lilablau der Bärtigen Glockenblume. Die Wiesen

Purpur-Enzian

Sehr selten trifft man heute den Purpur-Enzian *(Gentiana purpurea)* noch in grösseren Gruppen an. Auch seine Wurzel diente zur Schnapserzeugung und wurde übermässig gesammelt. Die purpurroten, aufrecht stehenden Blütenglocken dieser schlanken, hochwüchsigen Enzianart duften würzig nach Honig und Rosen und werden vor allem durch Hummeln bestäubt.

48 Wenn unsere hochwüchsigen Enziane nebeneinander blühen, kommt es mitunter zu Kreuzbestäubungen. Recht selten bastardiert der Purpur-Enzian mit dem Gelben Enzian. Doch diese Bastarde sind leicht zu erkennen, ihre Blüten zeigen deutlich eine Mittelstellung: Sie sind sowohl gelb als auch purpurn gefärbt, und ihre Form steht zwischen den Sternen des Gelben und den Glocken des Purpur-Enzians.

dahinter glichen einem Garten, soweit das Auge reichte.

Unten liegt ein kleiner See, aus dessen Verlandungszone violettrote Blütenstände von Knabenkräutern herausleuchten. Zwischen ihm und den Wiesen des Purpur-Enzians zieht ein Wanderweg hügelauf und -ab zu den hohen Bergen hinüber. Doch kaum ein Wanderer sah die Pracht der Enzianwiesen. Der Tag war strahlend wolkenlos, rundum standen die Berge klar vor der Bläue des Himmels: ein Bild von seltener Reinheit, das die Blicke einfängt. Und unser Purpur-Enzian ist kaum auffällig, schmal, sechzig, siebzig Zentimeter hoch, die gegenständigen Blätter voneinander abgerückt am oft etwas krumm gewachsenen Stengel. Die Blüten sind weder leuchtend enzianblau noch strahlend gelb, sondern still in der Farbe, purpurrot. Doch diese Menge! Und immer wieder ein neues Farbenspiel: Hier sein hohes Purpurrot einen sanften Hang hinauf und hinab über dem Altrosa von schmalen Händelwurzkerzen und dem leuchtenden Gelb des Wundklees. Drüben neben kräftigen Arnikasternen und dem Blau der Glockenblumen. Dort ist seine Farbe durchsetzt von Margeritenweiss, oder sie liegt über dem leuchtenden Rot der Alpenrosen.

Die aufrecht stehenden, drei Zentimeter langen Glocken sind geöffnet im vollen Sonnenlicht. Nicht so weit wie die gelben Glocken des Punktierten Enzians, meist bleiben die Ränder ihrer fünf bis acht Kronzipfel leicht nach innen gebogen. Doch man sieht, dass die purpurroten Glocken innen gelbgrün sind, und ihre purpurnen Ränder zeigen feine, dunkle Punkte. Sie sitzen im grünen, zweiteiligen Kelch, der auf einer Seite tief geschlitzt ist. Diese Kelchform ist typisch für diese Enzianart.

Kleine, dunkle Falter tanzen vorbei. Eine winzige, grüne Laubschrecke sitzt, bei steil hochgereckten, langen dünnen Fühlern, auf einer purpurroten Enzianglocke reglos wie eine Statue. Hummeln fliegen, dunkel brummend. Doch die eifrigsten Enzianbesucher sind zurzeit Fliegen, einen Zentimeter lang, schmal, wenn sie sitzen, mit einem seltsam langgezogenen, spitzen Gesicht. Sie schwirren an, landen, schnüffeln und kippen dann meist eilig kopfunter in die nach Honig und Rosen duftende Enzianglocke hinein.

Uns fallen ungewöhnliche Blüten des Purpur-Enzians auf, sie mischen sich unter die anderen: leuchtender in der Farbe, dicht von Punkten übersprüht, mit weiter offenen Blüten und breiteren Laubblättern. Ohne Zweifel Kreuzungen mit dem nahverwandten Punktierten Enzian! Immer wieder welche. Manche blühen gelb und sind doch in der Gestalt Pflanzen des Purpur-Enzians. Schliesslich entdecken wir hier einige gedrungene Stengel und dort: fast abgeblühter Punktierter Enzian. Und in einem Alpenrosenbusch, umgeben von Eisenhutknospen, thront, weithin sichtbar und gross, ein Mischling aus dem Gelben und dem Purpur-Enzian mit tief geteilten, gelb-purpurnen Glocken auf den breitblättrigen Blattetagen.

Zauberpflanzen

Zauber ist heute ein recht vielschichtiger Begriff. Einerseits steht er für uns in engem Zusammenhang mit belächeltem Aberglauben, andererseits sagen wir, ein Ort oder eine Person strahle einen bestimmten Zauber aus oder man könne sich einem Zauber nicht entziehen. Dazwischen fächert sich eine ganze Anzahl von Ausdrücken auf, die unterschiedliche Eindrücke oder Gefühle wiedergeben und auslösen können. Immer jedoch haftet dem Begriff des Zaubers ein wohl spürbarer, aber nicht erklärbarer, geheimnisvoller Untergrund an, der sich um so mehr auswirkt, je weniger man ihm entgegensetzt, je williger man sich ihm öffnet.

Die gefürchteten oder die erbetenen Zauberkünste der Hexen und Zauberer, von denen hier die Rede ist, lassen sich zu einem grossen Teil auf deren Wissen von Wirkungen bestimmter pflanzlicher und tierischer Substanzen zurückführen. Man weiss heute, dass die Hexensalben des Mittelalters Säfte giftiger Nachtschattengewächse wie Bilsenkraut, Tollkirsche und Stechapfel enthielten, dazu häufig noch Aconit des giftigen Eisenhutes. Über die Haut aufgenommen, wirken diese Substanzen auf das Gehirn und erzeugen ähnliche Haluzinationen wie Drogen der Rauschgiftsüchtigen unserer Zeit.

Mancher Medizinmann eines Naturvolkes und manche Hexe des Mittelalters waren gewiss noch über ein ererbtes oder erlerntes Wissen hinaus mit besonderen Fähigkeiten begabt. Sie besassen etwa einen «besonderen Sinn» für Heilpflanzen, für die seelische Situation des kranken, des schwachen, abhängigen Menschen, jenes intuitive innere Wissen, mit dem auch heute noch Menschen bedacht sein können, und das letztlich für uns immer noch unerklärbar ist. Wie jedoch der einzelne seine Begabung – wie immer sie geartet sein mag –, sein Wissen und die Macht nützt, die ihm daraus erwachsen kann, liegt bei ihm selbst.

Das Heer der Haltlosen, Abhängigen, Ängstlichen, der freiwillig jedem Zauber sich Ergebenden, ist auch heute nicht klein. Doch wird es nicht mehr von Hexen und Magiern beherrscht, sondern von modernen Drogen und von einzelnen, die es verstehen, «unterbewusste Seelenkräfte» zu manipulieren. Auch sie, Zauberer unserer Zeit, gewinnen eine um so grössere Macht, je unbewusster der einzelne bleibt, je weniger er an eigener Klarheit entgegenzusetzen hat.

Schon in den weit entfernten Zeiten, von denen uns nicht die Geschichte berichtet, sondern Geschichten und Sagen erzählen, waren Zauberpflanzen bekannt, die zum Ausüben von Zauber verwendet, oder denen selbst Zauberkräfte zugesprochen wurden. So schildert Homer in der Odyssee, wie Odysseus aus der Hand des Gottes Hermes ein Kraut empfängt, das die Künste der Zauberin Circe wirkungslos machen soll: «... Gleichwohl nicht vermag sie dich einzunehmen; die Tugend / Dieses heilsamen Krautes verwehrt's ... / Also sprach und reichte das heilsame Kraut Hermeias, / Das er dem Boden entriss ...» Homer beschreibt die Zauberpflanze des Gottes: «Schwarz war die Wurzel zu schaun, und milchweiss blühte die Blume. / Moly wird's von den Göttern genannt.» Doch er warnt: «Schwer aber zu graben / Ist es sterblichen Menschen; doch alles ja können die Götter.» Bis heute sucht man nach der Pflanze, die der Zauberpflanze Moly entspricht – vergeblich.

Enzian-Zauber

Eine andere uralte Pflanze des «Gegenzaubers» ist der Widertat (Wider-die-böse-Tat). Aber auch in seinem Fall kann keiner sagen, wie sie aussieht. Nicht viel anders ist es mit dem Dorant oder Orant, von dem der *Gart der Gesundheit* aus dem Jahr 1485 berichtet, «keyn zauberey mag geschehen», wenn man ihn an sich trägt. In Mecklenburg schätzte man als Weissen Orant die kleine Waldhyazinthe, eine heimische Orchidee. In Nordostdeutschland sah man im blau blühenden Lungen-Enzian den zauberkräftigen Blauen Dorant. Drei «Spierken» von ihm neben dem Butterfass schütze dieses gegen Hexerei, und den Kindern in die Wiege gelegt, verhindere er das Behexen. In Russland gab man ihn in Milch gekocht jenen Kindern zu trinken, denen Krämpfe angehext waren. Für die Livländer war dagegen der violette Feld-Enzian der zauberkräftige Dorant, und in Mähren gaben die Schafhirten dem Vieh Kreuz-Enzian zu fressen, um es vor Verzauberung zu schützen.

Auch der Frühlings-Enzian galt als Zauberpflanze. Darauf weisen manche seiner Volksnamen hin. Rossmucka oder Rossmuckenveigerl heisst er in Bayern und Schwaben, da man dort der Ansicht war, man bekäme die Rossmucken (Sommersprossen), wenn man an seinen Blüten riecht. Dagegen streut man den Kindern in der Oberpfalz Blüten des Frühlings-Enzians ins Badewasser, um zu verhindern, dass sie Sommersprossen bekommen. Blitznägele heisst er in Baden, weil er den Blitz anzieht, Hausabbrenner auf der Schwäbischen Alb.

Aber am zauberkräftigsten von allen Enzianen war fraglos der Kreuz-Enzian. Das deuten heute noch manche seiner Namen an. Engelwurz oder Sibyllenwurz nennt man ihn in Schlesien, St.-Peters-Kraut am Rhein. In Ostpreussen heisst er Heil aller Schäden, in der österreichischen Steiermark Weltheil, und in Salzburg sowie im Zürcher Oberland soll heute noch der merkwürdige Name Mödlger oder Madelger in Gebrauch sein. Als Madelgeer bezeichnet ihn auch Brunfels 1530 in seinem Kräuterbuch, und Modelger, Heil allen Schaden, Kreuzwurz und Speerstich nennt ihn 1546 Hieronymus Bock.

Die zunächst unverständliche Bezeichnung Modelger, Mödlger führen manche Forscher auf den Heldennamen

Madelgêr aus alten Sagen zurück. Es ist bekannt, dass unter bestimmten Umständen Heilpflanzen Namen von Helden oder auch von Göttern verliehen bekamen, wie etwa Wotanskraut oder Donner(= Donars)kraut. Ein solches Zurückführen der Bezeichnung Modelger für den Kreuz-Enzian auf den Heldennamen Madelgêr erscheint um so begründeter, als auch die Art der Zauberwirkung dieses Enzians, wenigstens zum Teil, in die Richtung des Kriegszaubers weist. Speerstich heisst er, «da er (Gott) seinen stab crutzwis durch den grab stiez»; durch diesen «göttlichen Speerstich» ist die Wurzel des Kreuz-Enzians für alle Zeiten gespalten. Um den Hals gehängt, macht die Wurzel unverwundbar, und «füttert der Jäger den Flintstein» mit ihr, verhindert er ein Verhexen seiner Schusswaffe. Vielleicht stehen auch Bezeichnungen wie Heil allen Schaden und Allerweltheil mit einem ursprünglichen Kriegs- und Jagdzauber in Zusammenhang. Der Held Madelgêr stand durch die Wurzel dieses Krautes mit dem Krieger, dem Jäger in helfender Verbindung wie der Gott Hermes mit Odysseus durch seine Zauberpflanze Moly. Möglicherweise übertrug man später dann die geheimnisvolle Wirkung dieser Enzianwurzel auch auf andere Bereiche, denn was hier nützt, kann auch anderswo helfen. Nun war sie nicht nur dem Krieger und Jäger Schutz und heilte seine Wunden, sie half auch dem Fieberkranken und dem kranken Vieh und wirkte, richtig verwendet, allgemein gegen Verzauberung. Schliesslich dehnte sie ihre Wirksamkeit auch auf den Bereich des Liebeszaubers aus: «... und wen du damit umfehest, der mus dich lieb haben vor allen mannen.»

Zum richtigen Gebrauch der Zauberwurzel zählte auch das sachgerechte Ausgraben des Krautes. «Schwer aber zu graben ist es sterblichen Menschen.» In vorgeschriebener Weise wurde die Pflanze angeredet, sie wurde beschworen zu helfen. In Sagen und Märchen spricht der Mensch, analog dazu, mit der Elfe des Baumes oder Krautes, mit dem Zwerg oder dem Riesen, der sich ihm zeigt. «Got gruss dich Magdolger», sprach man den Kreuz-Enzian an, «du bist über alle wurzen ein her ...» Er durfte auch nicht mit einem Gegenstand aus Eisen, sondern nur mit einem aus Silber oder Gold gegraben werden: «Daz crut magdalger soltu umbryssen mit Golt und mit silber ...» Nur dann konnte er seinen Zauber entfalten.

Bis heute, in unsere Tage herauf, strahlt Enzian seinen Zauber aus. Uns bezaubert sein strahlendes Blau, seine Lebendigkeit in einer herben oder in einer dürftig gewordenen Welt. Denn wir erkennen eine ganz andere Seite seiner Existenz.

Im Mittelalter nannte man unseren Kreuz-Enzian *(Gentiana cruciata)* Modelger und schrieb ihm recht vielfältige Zauberkräfte zu. Der seltsame Name blieb noch lange gebräuchlich, als der Zauberglaube längst erloschen war. Heute ist auch diese, von der Ebene bis in etwa 2000 m Höhe vorkommende Art selten geworden.

Lesen wir, wie Theodorum Zvingerum, Doktor der Artzney zu Basel, in seinem *Neu vollkommenen Kräuter-Buch* aus dem Jahr 1696 den Kreuz-Enzian beschreibt:

«Das erste Geschlecht des Modelgeers / Gentiana cruciata ... / Vergleicht sich an seiner gestalt und krafft der Entzian / darumb er von etlichen / kleine Entzian genennet wird. Man findet ihne auff ungebauten äckern / rechen / und neben den straßen. Er hat runde / spannen-lange stengel / die sind von unden an biss auff den gipffel mit glätchen oder gewerben abgeteilt: an jedem gewerbe stehen zwey fette / dicke und längliche blatter gegen einander / wie an dem gemeinen Seiftenkraut / die werden allezeit ein wenig umbgebogen gegen der Erden. Am oberen theil des stengels wachsen sechs oder sieben blaue Blumen / wie lange hohle schellen / die kriechen auß grünen hülsen wie die Schlüsselblumen / wenn diese im Augstmonat abfallen / findet man goldfarben kleinen samen in langen säcklein / dem gelben Wullsamen ähnlich. Die wurtzel ist weiss / lang / rund / zu beyden seiten an vielen orten kreutzweiss durchstochen / und schier bitterer als die Entzian. Er wächst allhie zu Basel auff den trocknen matten und an grasichten orten des Kreutzacher-bergs / im Wald bey Hüningen und bey dem Dorff Lörach / Durlachischer Herrschafft. Man findet ihne auch auff dem Solothurnischen Berg Wasserfall.»

In den dreihundert Jahren, die seit damals vergangen sind, haben wir nicht nur weiteres über den Modelgeer in Erfahrung gebracht. Wir haben eine andere Blickrichtung gewonnen, und unsere Ansichten haben sich grundlegend verändert. Damit ist auch manches in Vergessenheit geraten, was den Zeitgenossen des gelehrten Theodorum Zvingerum wichtig war, wie die vermeintliche oder tatsächliche Wirkung des Kreuz-Enzians und dessen dementsprechende Verwendung. Damit sind auch die alten, in vergangenen Beziehungen wurzelnden Namen und Bezeichnungen ungebräuchlich geworden. Heute heisst der Modelgeer Kreuz-Enzian: Seine Laubblätter stehen kreuzweise zueinander, und die Blüten mit den vier Kronzipfeln bilden ebenfalls ein Kreuz.

Längst tritt der Kreuz-Enzian nicht mehr so häufig auf wie ehedem der Modelgeer, den man auf trockenen Matten und an Strassenrändern fand. Heute gilt er als eine wohl verbreitete, aber nicht häufige Art. Er kommt meist nur vereinzelt vor und fehlt auf weiten Strecken ganz. Seine Beliebtheit als Heilkraut und Zauberpflanze hat ihn dezimiert und die Nutzung des Bodens verdrängt. Was noch übrigblieb an Kreuz-Enzian, wächst auf trockenen, kurzrasigen Wiesen und Weiden, an Waldrändern, in Föhrenwäldern

Der Kreuz-Enzian

und Kastanienhainen. Wir wissen, dass er Trockenheit und kalkhaltigen Boden braucht und bis in Höhen von 1600 Metern, im Engadin sogar bis knapp über 2000 Meter hinaufsteigt.

Die alte Zauberpflanze Kreuz-Enzian zeigt eine ihrem Bekanntheitsgrad und ihrer Beliebtheit entsprechend weite Verbreitung. Sie kommt in Süd- und Mitteleuropa vor, nordwärts bis hinauf in die Dünentäler Westhollands, hinüber nach Mecklenburg und Estland, ostwärts weiter über Kleinasien hinweg, in den Kaukasus hinein, nach Turkestan und Westsibirien. Richtiger wäre, die Verbreitung des Kreuz-Enzians in umgekehrter Richtung aufzuzeigen, denn er stammt aus Zentralasien, wo heute immer noch der Grossteil seiner nächsten Verwandtschaft ansässig ist. Als einzige Art daraus breitete er sich bis herüber nach Süd- und Mitteleuropa aus, ein Einwanderer aus sehr frühen Zeiten, der die pflanzenfeindliche Epoche der Eiszeiten bei uns aller Wahrscheinlichkeit nach in einigen Refugien überdauert hat.

Da und dort kann man auch heute noch grössere Gruppen des Kreuz-Enzians antreffen, doch man muss nach ihm suchen. Er fällt nicht einmal während seiner Blütezeit, zwischen Juli und September, auf.

Unauffällig steht er etwa in einer trockenen Wiese neben Flockenblumen, Augentrost, zarten Schirmblüten, gelbem Labkraut und Schafgarbe; ein grünes Gewächs im Grünen, eher gedrungen, bis einen halben Meter hoch, mit länglich-lanzettlichen Blättern, die kreuzweise übereinander stehen. Wenn man ihn am frühen Vormittag entdeckt, ist man enttäuscht: nur geschlossene, graupurpurne bis grünliche Knospen in Büscheln auf den Blattetagen und am Stengelschopf. Keine einzige aufgeblüht!

Doch wenn später um die Mittagszeit die Luft flimmert über der kargen Wiese, leuchtet der Kreuz-Enzian azurblau!
Er braucht Wärme. Unter zwanzig Grad Lufttemperatur öffnet er seine Blüten kaum. Und er schliesst sie wieder, sobald die Sonne verschwindet und es kühler wird. Danach dauert es unverhältnismässig lang, ehe er wieder erblüht, von neuerlicher Wärme dazu gedrängt. Unser Kreuz-Enzian ist ein Bedächtiger.

Aber seine Blüten sind wunderschön. Ganze Büschel aufrechter Glöckchen stehen zwischen den Blättern. «Schellen», sagt Zvingerum, «die aus grünen Hülsen kriechen.» Bis vierzehn und mehr sitzen oft am Stengelende beisammen, jede Glocke etwa zwei Zentimeter lang, mit vier nach aussen geschlagenen, leuchtend blauen Kronzipfeln und kleinen Zähnchen dazwischen. Im Innern streben vier helle, gelbe Staubblätter hoch, an feinen Stielchen gelenkig eingehängt. Filigrangebilde.

Ehe wir ihn verlassen, ist sein Blau für diesen Tag schon wieder verlöscht, der Schatten der Bergwand wächst in seine Wiese hinein. Er ist ein Einzelgänger in seiner Art, sich ins Bild zu setzen. Anders als unsere übrigen Enziane.

Weisser Enzian

Mitunter, jedoch keineswegs häufig, blühen Enzianpflanzen weiss. Es ist dies von unseren Frühlings-Enzianen bekannt – sie können bläulichweisse oder reinweisse Blüten hervorbringen –, vom Bayerischen Enzian, dessen innen reinweisse Kronen dann meist aussen und an den Zipfeln blasslila Farbreste aufweisen, vom kleinen Schnee-Enzian, von zwei in der Regel violett blühenden Arten, dem Deutschen und dem Feld-Enzian, sowie vom Karpaten- und dem kleinblütigen Bitteren Enzian, dessen weissliche Blüten dann häufig rotviolette Zipfel besitzen. Auch der grossglockige Stengellose Enzian tritt ganz vereinzelt weissblühend auf. Doch bleiben ihm meist die grüne Innenfärbung und die dunklen Punkte erhalten. Dagegen zeigt der Lungen-Enzian, wenn er weiss blüht, einen grünen Schimmer in den Falten seiner aufrecht stehenden Blütenglocken.

Bei unseren hochwüchsigen Enzianarten sind weissblühende Pflanzen nicht nur ausserordentlich selten, bisher sind solche nur vom Pannonischen Enzian bekannt geworden. Am häufigsten dürfte weisser Schwalbenwurz-Enzian anzutreffen sein. In einem begrenzten Gebiet Graubündens soll diese Art sogar ausschliesslich mit weissen Blüten auftreten. Solche Ausnahmefälle bringen uns den ungewöhnlichen Steirischen Enzian in Erinnerung, der nur an einzelnen Stellen in der Steiermark, in Höhen zwischen 2000 und 2400 Metern, zu finden ist. Ostwärts kommt er bis Siebenbürgen und bis in die Karpaten hinein vor. Bei ihm ist die Regel, was sich bei unseren anderen Enzianen als meist seltene Ausnahme zeigt: Seine aufrechten, länglichen Glocken sind gelblichweiss, aussen durch breite, hellblaue Streifen gefärbt, und meist sind die Blütensäume von feinen blauen Punkten besetzt.

Wie heute Botaniker nach dem Grund der spontan auftretenden Weissblütigkeit forschen, haben auch Menschen früherer Jahrhunderte danach gefragt. Allmählich ist dann die Volksmeinung entstanden, weiss blühende Alpenrosen und Enziane zeigten einen verborgenen Schatz an, den man jedoch nur unter Einhaltung ganz bestimmter Regeln heben könne. Einen solchen eindeutigen Hinweis sind uns Botaniker bis heute schuldig geblieben.

Weissblühender Enzian ist etwas Wunderschönes und etwas Merkwürdiges, nicht allein durch seine Seltenheit. Er zieht unsere Blicke an und macht uns damit wieder bewusst, wie sehr die Pflanze mit den Farben ihrer Blüten auf das Auge anderer Lebewesen einwirkt und damit ganz spezielle Beziehungen zu ihrer Umwelt aufbaut.

Von manchen unserer Enzianarten treten – wenn auch meist selten – weissblühende Pflanzen auf, so auch vom Rundblättrigen Enzian. Ihnen fehlen die im Zellsaft gelösten Anthocyane, durch deren Mischung die Vielfalt purpurner, violetter, blauer und roter Blütenfärbungen entsteht. Es ist merkwürdig, wie andersartig Enzian ohne das strahlende Azurblau seiner Blüten auch auf uns wirkt.

Im August, wenn wir durch die Blütenfülle des Sommers die grossen, blauen Glocken des früh blühenden Stengellosen Enzians fast vergessen haben, öffnet noch einmal im gleichen Jahr ein weiterer Enzian ähnliche azurblaue Glocken. Sie sind etwas kleiner, drei bis fünf Zentimeter lang, und sie stehen auch nicht kurzstengelig in fahlen Wiesen. Um diese fortgeschrittene Jahreszeit sind die feuchten Weiden und Wiesen, Lichtungen und Hänge, auf denen nun dieser späte grossglockige Enzian zum Blühen kommt, grün und bunt überwachsen. Seine bis über sechzig Zentimeter langen Stengel heben die blauen Glocken entsprechend hoch hinauf. Mitunter findet er sich auch in grösseren Gruppen zusammen, die nicht zu übersehen sind.

Er kommt vor allem in mittleren Lagen vor – gelegentlich steigt er allerdings bis in Höhen von etwa 2200 Metern hinauf –, und er bevorzugt kalkreiche Böden. In den Gebirgen von Mittel- und Südeuropa ist er recht weit verbreitet; in der Schweiz tritt er im Osten häufig, im Westen und im Jura dagegen selten auf. Nordwärts findet man ihn noch im Riesengebirge, in den Karpaten und in Südwestpolen, ostwärts bewohnt er weite Gebiete bis in den Kaukasus hinein.

So weit verbreitet, fand er denn auch schon früh Beachtung. Wir kennen eine ganze Reihe alter Volksnamen von ihm, die zum Teil auf sein Aussehen zurückgehen – wie Blauer Fingerhut, Glöggelwurz, Kerzenwurz oder Chatze-Leiterle –, die auf seine späte Blütezeit Bezug nehmen – Hirschbrunftenzian, St.-Bartholomäus-Blume – oder auf seine Wirkung als alte Heil- und Zauberpflanze verweisen. Aus dem Oberen Tösstal in der Schweiz stammt die Bezeichnung Schelmenkraut, denn neben anderen Enzianen wurde auch diese spätblühende Art dem Vieh unter das Futter gemischt, wenn es vom «Viehschelm» befallen war. Diese Viehseuche wurde damals als das Werk von Dämonen angesehen oder auf den Biss giftiger Spinnen zurückgeführt. Man schrieb der Schelmenwurz auch eine Heilwirkung gegen den Biss tollwütiger Hunde zu. Daher stammt der Name Bitzwurz.

Den frühen Botaniker-Ärzten war dieser späte, blauglockige Enzian auch bestens bekannt. Bereits um die Mitte des 16. Jahrhunderts wurde er von Conrad Gesner beschrieben, dem ausserordentlich vielseitigen und berühmten Naturforscher und Zürcher Stadtarzt. Kurz nach ihm verlieh der gelehrte Basler Botaniker und Arzt Caspar Bauhin dieser Art einen weiteren lateinischen Namen. Beide benannten die Pflanze nach der Ähnlichkeit mit einem heimischen Seidengewächs, mit der Schwalbenwurz. Auch der heute gebräuchliche deutsche Name

Später Schwalbenwurz-Enzian

Die Blütenglocken des spät blühenden Schwalbenwurz-Enzians *(Gentiana asclepiadea)* ähneln den Blüten des frühen Stengellosen Enzians, doch die Pflanze selbst hat ein ganz anderes Aussehen: Ihre kräftigen, dicht beblätterten Stengel werden über 60 cm lang, und die grossen Blüten sitzen in den oberen Blattachseln. Auch diese Enzianart galt früher als Zauberpflanze.

Schwalbenwurz-Enzian und der lateinische Gentiana asclepiadea beziehen sich darauf.

Wenn man den Schwalbenwurz-Enzian mit den anderen heimischen Enzianen vergleicht, zeigt sich, dass auch er ein Aussenseiter ist.

Hochwüchsig ähnelt er weder den Stengellosen Enzianen noch der Verwandtschaft des niedrigen Frühlings-Enzians. Aber in die Gruppe des Gelben und des Purpur-Enzians gehört er offensichtlich auch nicht, und vom Kreuz-Enzian unterscheidet er sich ebenfalls erheblich. Am ehesten ähnelt ihm noch der, wenn auch sehr viel schmächtigere, Lungen-Enzian *(Gentiana pneumonanthe)* in der Art der Blattform und -stellung und der Blüten. Die beiden werden heute auch als zwei nahe verwandte Arten einer über Europa und Nordasien verbreiteten Enziangruppe angesehen. Sie sind die einzigen aus dieser Verwandtschaft, die auch bei uns heimisch geworden sind.

Doch auch den Schwalbenwurz-Enzian lernt man erst richtig kennen, wenn man sich Zeit für ihn nimmt. Am schönsten wird er, wenn er sich unbehindert und ungestört entwickeln und ausbreiten kann. Dann fallen seine hohen Pflanzen mit den azurblauen Glocken jedem auf, der einen Blick für Blumen hat. Wo er feuchte Hänge besiedelt, kann der Aufstieg zu ihm hinauf ein wenig mühsam sein. Das Gestein bröckelt unter dem Tritt, Wasser sickert, Moos bildet grosse Polster, gelber Steinbrech blüht über glitzernder Nässe. Hohe Grasbüschel, weisse Studentenröschen wuchern in Scharen, Skabiosen blühen da und dort, und drüben, wo es trockener ist, hat der Gelbe Enzian längst schon seine Früchte angesetzt.

Seine Stengel sind kräftig, purpurn überlaufen und dicht von den grossen, eilanzettlichen, lang zugespitzten Blättern besetzt. In den obersten Blattachseln stehen die leuchtend blauen Glocken, herrliche Blüten! Etwas schmaler sind sie als jene des Stengellosen Enzians, die fünf Kronzipfel zugespitzt, und das Innere der aufrechten Glocken ist von feinen dunklen Punkten übersprüht. Einzelne weisse Streifen ziehen schmal vom hellgrünweisslichen Grund herauf, von dem auch die schlanke Säule des Stempels aufwächst, vom zarten Gerüst der fast wächsern weissen Staubblätter umgeben, von den zurückgerollten Narben mit glitzernder Oberfläche gekrönt.

Über einem Blütenstand mit zwölf Blüten hat eine Kreuzspinne ein Netz gewoben. Kein schlechter Einfall, denn überall klettern Fliegen um die Enzianglocken herum und in sie hinein. Fast in jeder Blüte bewegen sich winzige, millimeterkleine, dunkle Insekten. Eifrig winken ihre Fühler am runden Kopf, lange Flügel liegen über dem schmalen Leib. Selten kommt eines aus der blauen Wölbung der Blüten heraus. Doch dann flitzt es hin, her, davon!

Grosse graupelzige Hummeln fliegen. Hurtig in eine Glocke kopfunter hinein, in die nächste, die dritte, die fünfte, und ab wie der Blitz! Weitere Hummeln fallen durch einen rotbraun bepelzten Hinterleib auf. Auch sie fliegen den Enzian gezielt an, doch sie verhalten sich anders als die graupelzigen. Sie klettern aussen an den aufrecht stehenden Blüten hinab und machen sich unten energisch mit drängender Bewegung zu schaffen: Sie beissen die Blütenglocken von aussen an – und stehlen den Nektar. Wir untersuchen den Schwalbenwurz-Enzian, der am Hang um uns blüht. Nahezu alle Blüten zeigen Bissspuren der diebischen Hummeln!

Talabwärts blüht weiterer Enzian. Zu ihm steigen wir am nächsten Morgen hinauf, ehe die Sonne seinen feuchten Hang mit Hitze übergiesst. An Blättern hängen noch Tautropfen. Rotklee, Wolfsmilch und Glockenblumen blühen, Skabiosen und Margeriten. Dann wird es nass. Moos, gelber Steinbrech, wie drüben, Studentenröschen, und alles gluckert und rutscht unter unseren Tritten. Da und dort Knospen von Silberdisteln. Ein kleiner Seidelbaststrauch voll roter Beeren. Ein Polster goldgelber Sonnenröschen.

Neben der schmächtigen Weide steht der erste Enzian, zweiunddreissig Stengel beisammen, oben dicht von den blauen Glocken besetzt. Um uns blühen weitere, grosse Gruppen. Noch liegt der Hang im Schatten. Doch die Hummeln mit dem rotbraun bepelzten Hinterleib fliegen schon! Und beissen eine Blüte nach der anderen an! Fünf, zehn, zwanzig zählen wir.

Dann schiessen erste Sonnenstrahlen goldhelle Garben über die Bergwand. Die Luft wird bewegt, Stengel und Halme schwanken. Die Farben leuchten auf! Und die roten Hummeln werden angeheizt: Drei, vier umbrummen je einen Blütenstengel. Plötzlich sind Perlmutterfalter da. Ein Apollofalter taucht mit raschelnden Flügeln auf. Ein Taubenschwänzchen, der kleine, tagsüber fliegende Schwärmer, schwirrt über den Enzianen, tief den Rüssel in die azurblauen Glocken versenkt: ein ehrlicher Besucher, der Nektar sucht und die Blüten bestäubt.

Volksnamen des Schwalbenwurz-Enzians:

Blauer Fingerhut
Kreuzenzian
Geiss-Leiterle
Chatze-Leiterle
Falscher Enzian
Glöggelwurz
Kerzenwurz
Blaue Kreuzwurz
Kloawurz

Hirschbrunftenzian
Herwesthoi
St.-Batholomäus-Blume

Bittaworzl
Gelbsuchtwurzn

Schelmenwurz
Schelmkraut
Bitzwurz
Dorant

62

Die violetten Blüten des Deutschen Enzians *(Gentianella germanica)* zeigen einen Kranz von feinen Fransen, der ungebetenen Gästen den Zutritt zur Nektarquelle verwehrt. Zugelassen werden nur Schmetterlinge und Hummeln; ihre Rüssel erreichen den verborgenen Nektar. Ein solcher zierlicher Fransenkranz ist auch für die nächste Verwandtschaft des Deutschen Enzians charakteristisch.

Violette Enziane

Irgendwann im Juli, oder später dann im September, kann man auf einem grasigen Hang, in einer mageren Wiese, vielleicht auch auf einer Waldlichtung kleine, beblätterte Knospenbüschel entdecken; niedrige, wie in den Boden hineingesteckt, jede Knospe ein aufrechter, grüner Bolzen. Wenn man sie genauer ansieht, bemerkt man, dass die eine oder andere oben bereits geplatzt ist und leicht gezwirbelte, violette Blütenblattspitzen freigibt: Das wird violetter Enzian.

Jeder dieser kleinen grünen, aufrechten Bolzen besitzt offenbar nur zwei Kelchblätter, die wie gefaltete Hände die Knospen schützend umschliessen. Tatsächlich verdecken diese beiden breiten noch zwei weitere schmale Kelchblättchen, die man erst an grossen Knospen und später an den Blüten sehen kann. Doch nun weiss man, welcher von den unterschiedlichen violetten Enzianen hier als Knospenbüschel vor uns in der Wiese steht. Nur der Feld-Enzian *(Gentianella campestris)* legt auf diese Weise zwei breite und zwei versteckte schmale, grüne Kelchblätter um seine Knospen.

Ist das Wetter günstig, sind in wenigen Tagen die ersten Blüten offen: grosse, vierzipfelige violette Sterne, jeder von ihnen wölbt ein Fransenkrönchen um das gelbe Zentrum aus Staubbeuteln und Narben. Ab und zu, aber nicht häufig, kann auch ein fünf-, selbst ein sechsstrahliger Stern dazwischen sitzen. Wenn dann endlich viele Blüten geöffnet sind, stecken statt der grünen Knospenbüschel zierliche, violette Blumensträusse im Boden des grasigen Hanges, der mageren Wiese. Wendet man nun ein wenig Zeit und Geduld auf, kann man beobachten, dass sie von langrüsseligen Hummeln und von Schmetterlingen besucht werden. Andere Insekten erreichen den Nektar nicht, der feine Fransenring verwehrt ihnen den Zutritt.

Nicht jeder violette Enzian lässt sich so leicht erkennen wie der weit verbreitete Feld-Enzian, den man auf mitteleuropäischen Gebirgen ebenso finden kann, wie in Island, Irland, England und Skandinavien. Mit Vorliebe kommt er auf kalkreichen Böden vor. Neben ihm gibt es eine ganze Anzahl von hell-, kräftig- oder mehr rötlichviolett blühenden Enzianen, die namentlich den Systematikern das Leben erschweren.

Jede dieser Enziansippen zeigt ihre kleine, besondere Eigenheit im Wuchs, in der Blattform, in der Blütengröße. Dazu kommen die einen mit Vorliebe oder ausschliesslich auf Kalk, andere nur auf kalkfreien Böden vor, manche nehmen den einen wie den anderen Boden an.

Zu den Kalkfreunden unter den violetten Enzianen zählt neben dem Feld-Enzian der Engadiner Enzian *(Gentianella engadinensis),* ein bis fünfzehn Zentimeter hohes Pflänzchen mit kleineren, doch auffallend weinrot getönten Blüten. Er ist ausschliesslich in grossen Höhen der Ostschweizer und Westtiroler Zentralalpen daheim. Noch drei andere lokale violette Enziane sind Kalkliebhaber: der schmalblättrige, in kleinen aber violetten Sternen blühende Behaarte Enzian *(G. pilosa)* aus den östlichen Südalpen, der Rauhe Enzian *(G. aspera)* mit grossen lila Blüten - er kommt von den östlichen Kalkalpen bis nach Böhmen vor - und der hohe, lebhaft violette Karpaten-Enzian *(G. praecox);* er ist östlich orientiert.

Andere unserer schönen violetten Enziane mit dem zierlichen Fransenring im Zentrum der Blüten kommen nur auf kalkfreien Böden der Süd- und Ostalpen vor, oder sie bewohnen, auffallend niedrig und büschelig verzweigt und als Büschel-Enzian *G. ramosa)* bezeichnet, nur die Zentralalpen zwischen dem Wallis und Tirol.

Jene, die keine besonderen Ansprüche an den Boden stellen, sind wohl weiter verbreitet, aber auch mehr veränderlich. So ist der Deutsche Enzian *(G. germanica)* über weite Teile Mitteleuropas und Schwedens verbreitet - er wäre mit dem Feld-Enzian zu verwechseln, besässe er nicht fünf- statt vierstrahlige Blütenkronen -, und der bis über einen halben Meter hohe, klein und rötlich-violett blühende Bittere Enzian *(G. amarella)* kommt sogar von Nord- und Mitteleuropa bis in die Mongolei hinein vor.

Diese grosse Veränderlichkeit unserer violetten Enziane, die sich wohl nur in kleinen Bereichen zeigt, aber für den Fachmann nicht zu übersehen ist, hat dazu geführt, dass einzelne Botaniker die ganze Gruppe in nicht weniger als fünfzig Arten unterteilen. Dagegen fassen andere die ganze violettblühende Enziangesellschaft in eine Artengruppe mit fünf entsprechend weit gefassten Arten zusammen. Zwischen diesen beiden Extremen liegen noch weitere Vorschläge und Ansichten.

Im Grunde aber demonstriert diese Veränderlichkeit der violetten Enziane, die nur dem in vollem Umfang erkennbar wird, der sich ihnen beobachtend zuwendet, dass Pflanzen sich immer noch weiterentwickeln. Unter Einflüssen, die für uns zum Teil kaum registrierbar sind, schmelzen offenbar allmählich Grenzen ab und beginnt sich Neues zu ordnen.

Sehr nahe verwandt mit diesen violetten Enzianen ist ein überaus zierliches Gewächschen mit zarten, etwa fünf Millimeter kleinen, vierzipfeligen Blütenkronen. Es heisst auch dementsprechend Zierlicher Enzian *(G. tenella).* Wenn man ihn nicht sucht, übersieht man dieses Pünktchen in kurzrasigen Weiden, in Schutt und auf Graten in Höhen zwischen 1700 und 3000 Metern. Einem aufmerksamen Wanderer fällt es höchstens auf, wenn es in grösseren Scharen auftritt. Aber wahrscheinlich erkennt er in diesem zierlichen Gewächs gar nicht einen Enzian, einen winzigen Verwandten der azurblauen Stengellosen Enziane, der Frühlings-Enziane und der hochwüchsigen, fast mannshohen Arten mit meterlangen, mehrere Kilogramm wiegenden Wurzelstöcken.

Nahe verwandt mit der Gruppe unserer violett blühenden Enziane, deren Arten einander ausserordentlich ähnlich sind, ist der Zierliche Enzian *(Gentianella tenella),* ein überaus zartes Gewächschen mit einer etwa 5 mm kleinen, vierzipfeligen Blütenkrone. Mitunter tritt diese Art auch gemeinsam mit dem Deutschen Enzian auf.

Enzian im Garten

Wahrscheinlich hat es immer schon Gärten gegeben, wo Menschen sesshaft waren und ihrem Sinn für Schönheit folgten. Bis in die tiefe Vergangenheit zurück geben uns verschiedenartige Berichte Kunde von solchen Gärten, deren Aussehen so unterschiedlich war wie die Menschen, die sie anlegten.

Wann in einem Garten ein Enzian zum erstenmal einen Platz bekam, wissen wir nicht. Es lässt sich nur mit Sicherheit sagen, dass er seinem Gärtner wohl genausowenig Freude bereitet haben wird, wie ein Enzian uns glücklich machen würde, verpflanzten wir ihn aus seiner Lebenswelt in unseren Garten. Wie alle Gewächse ist auch jeder Enzian in seine natürliche Umgebung eingepasst. Sie setzt sich aus vielen und sehr fein abgestimmten Gegebenheiten zusammen, zu denen unter anderen Boden, Höhenlage, Sonneneinstrahlung zählen. Je spezieller diese natürliche Umgebung ist, desto weniger kann unser Garten genügen. Doch selbst bei Gewächsen, die in der freien Natur unter ähnlichen Bedingungen leben, wie sie der Garten bietet braucht es das Geschick eines erfahrenen Gärtners, um sie dort heimisch zu machen.

Im 16. Jahrhundert, in der Zeit der Kräuterbücher, war man vor allem um das Heranziehen von Heilkräutern bemüht. Nach schriftlichen Überlieferungen gedieh bereits 1592 Lungen-Enzian in einzelnen Kräutergärten. Damals nannte man ihn Herbstglockenblume oder Lungenblümchen, denn er galt als Heilmittel gegen Lungenkrankheiten. 1597 wird auch der Kreuz-Enzian als kultivierte Art erwähnt, die Peters- oder Kreuzwurzel, Modelgeer oder Speerstich hiess. 1613 war der Frühlings-Enzian in die Gärten der Fürstbischöfe von Eichstätt eingezogen, zusammen mit dem Blauen Himmelsstengel, dem Fransen-Enzian.

Etwa um die gleiche Zeit scheinen Enziane auch in englische Gärten gelangt zu sein. Schon im Jahr 1550 wird dort vom Kreuz-Enzian berichtet, er sei aus dem Osten über Europa nach England eingeführt worden. 250 Jahre danach folgte ihm, ebenfalls aus Sibirien stammend, der Aufsteigende Enzian; er ist heute als Gartenpflanze verschollen. Etwas früher, um 1759, taucht unser Gefranster Enzian unter dem Namen *Gentiana fimbriata* in englischen Gärten auf. Noch über hundert Jahre später wird er als «reizende, 10–30 cm hohe Staude» gerühmt und als Gartenpflanze empfohlen. Heute fehlt auch er in den Katalogen.

Inzwischen sind zahlreiche weitere Kulturformen zu den bewährten alten dazugekommen: Grossblumige Stengellose, Sommer- und Herbst-Enziane, azurblaue, gelbe und weisse sorgen im Garten für eine Enzianblüte vom Mai bis tief in den August hinein!

Schon früh versuchte man in England wildwachsende Blumen zu kultivieren. 1841–1848 erschien dann ein fünfbändiges Werk von Jane Loudon *The Ladies' Flowergarden* mit prachtvollen Tafeln von Walter Hood Fitch; darunter auch eine Tafel mit Enzianen (links der Fransen-, in der Mitte der Kreuz- und rechts der ausländische Aufsteigende Enzian).

Das Edelweiss

Die beste Geschichte, die je über das Edelweiss in Umlauf gebracht worden ist, hat die Natur geschrieben. Diese Geschichte ist beeindruckend und wahr, sie umfasst viele Jahrmillionen, und sie ist in Ereignissen, nicht in Worten niedergelegt worden.

Das älteste Kapitel dieser Natur-Geschichte des Edelweiss, das wir aus den Spuren der einstigen Gegenwart lesen gelernt haben, spielt in jener Zeit, da bei uns die Gletscher der Eiszeiten Gebirge unter sich begruben, da sie weit in die Ebenen hineinwuchsen und Leben auslöschten oder in die Flucht schlugen. Sein Schauplatz liegt aber im Osten, in Südwest- und Zentralasien, in der alten Heimat unseres Edelweiss. Mit vielen weiteren Pflanzen hatte es sich dort in Zeiträumen, die wir weder ausmessen noch uns vorstellen können, heranentwickelt und ausgebreitet. Nun besiedelten Edelweisssippen die mächtigen asiatischen Gebirgszüge und weite Steppengebiete, widerstandsfähige Pflanzen mit einem wollig-filzigen Verdunstungsschutz und mit kleinen Blüten, die in dichten Köpfchen beisammenstanden.

Milde Klimaschübe der Zwischeneiszeiten öffneten diesen Vorfahren unseres Edelweiss und manchen anderen asiatischen Gebirgs- und Steppenpflanzen Wege nach Westen. Sie fassten Fuss auf ihnen, sie verbreiteten sich, wanderten und gelangten vermutlich während der späten Eiszeiten in die mittel- und südeuropäischen Gebirge. Hier begannen sie schliesslich, hochgelegene, karge Gebiete zu besiedeln, in denen sie vertraute Verhältnisse und wohl auch wenig Konkurrenten vorfanden. Und andere, aus der alten Heimat sowie auf dem langen Weg zu ihnen gestossene Zuzügler, wurden neben ihnen im Laufe der Jahrtausende sesshaft. Heute noch ist unser Edelweiss zum Beispiel auffallend häufig mit der leuchtend rosa- bis blauvioletten Alpenaster vergesellschaftet. Auch sie ist in jener Zeit aus dem Osten in unsere Gebirge eingewandert.

Der Fluss der Lebensgeschichte des Edelweiss hatte sich weiter verzweigt. In der alten Heimat und in den neu besetzten Gebirgszügen und Steppengebieten entwickelten sich die Sippen im langsamen Tempo der Pflanzen weiter. Heute kennt man dreissig bis vierzig Edelweissarten! Davon kommen die meisten in Asien vor, vorwiegend in mittel- und ostasiatischen Steppengebieten sowie in zentralasiatischen Hochgebirgen. Dort sind noch in Höhen von nahezu 6000 Metern unserem Alpen-Edelweiss ähnliche Pflanzen gefunden worden. Auch Japan besitzt sein Edelweiss. Eine weitere Sippe blüht in Sibirien an den Bahndämmen, in Wiesen und in Steppengebieten.

Bei uns in Europa ist das Edelweiss von den Karpaten über die Alpen bis in den

Auch auf Briefmarken dargestellt, begegnen uns Enzian und Edelweiss, die beiden volkstümlichsten Bergblumen unserer Gegenwart. Und wie überall, wo das Sehen und Gestalten mit im Spiel ist, zeigt sich auch hier, wie unterschiedlich das gleiche Motiv aufgefasst werden kann.

südlichen Jura und noch weiter, bis in die Pyrenäen hinein, verbreitet. Daneben besiedelt eine sich von unserem Edelweiss ein wenig unterscheidende Sippe auch noch die Abruzzen, die Balkangebiete und Bulgarien.

In der Regel ist das Edelweiss in den Alpen zwischen 1700 und 3400 Metern daheim. Dort wächst es an sonnigen, steinigen Hängen, auf Wildheuplanken, auf Grasbändern der Felsregion, im Geröll und in Felsspalten. Unter für seine Pflanzen günstigen Umständen steigt es auch tiefer herunter. Mitunter wird es sogar durch Wasser der Schneeschmelze oder durch Unwetter noch weiter herabgeschwemmt, als es selbst herunterkäme. So hat man sogar schon im Isarkies, unweit von München, blühendes Edelweiss gefunden, in der Schweiz unter anderem an der Aare in 500 Meter Höhe bei Münsingen, im Kanton Glarus in 700 Meter Höhe und im Kanton Zug bei Sihlbrugg.

Das schlankere, mehr flockig und reinweiss behaarte Karst-Edelweiss, die zweite europäische Sippe, kommt mit Vorliebe im Latschengürtel, in Höhen zwischen 1500 und 2000 Metern, vor. Nur ausnahmsweise steigt es in grossen Karstdolinen oder in steilen Schluchten tiefer herab.

Wer Edelweiss an seinem natürlichen Standort oben in den Bergen gesehen hat, wird den Anblick der samtig weissen, unregelmässigen Sterne kaum so bald vergessen. Es sind ungewöhnliche Blumen.

Im kargen Boden wurzelnd, treibt das Pflänzchen Blattsprosse und zarte, aufrechte, wollig-filzige Blütenstiele, besetzt sie mit zungenförmigen Blättern, die unten dicht wollig behaart sind, und blüht in seinen prachtvollen Sternen. Das Zentrum jedes Sterns bilden bis zehn kleine, kugelige, dicht beisammenstehende Blütenköpfchen, die von häutigen, dunkel gerandeten Hüllblättern umgeben sind. Insgesamt bestehen die Köpfchen aus vielen hundert unscheinbaren weiblichen und zwitterigen Blüten, jede einzelne davon höchstens drei Millimeter gross! Fünf bis fünfzehn wollige, schneeweisse Hochblätter umgeben sie und bilden den Edelweiss-Stern.

Meist werden diese Blütensterne drei bis vier Zentimeter gross. Mitunter erreichen sie aber auch recht ungewöhnliche Grössen. Im südtirolischen Sarcatal wurde 1891 ein geradezu riesiges Edelweiss mit neunundzwanzig schneeweissen Hochblättern, also «Sternzacken», gefunden, mit einem Durchmesser von zwölf Zentimetern! Je günstiger der Standort, je kräftiger die Pflanze ist, und je ungestörter sie bleibt, desto grössere Sterne bringt sie hervor.

Edelweiss lässt sich relativ leicht aus Samen vermehren. Es wird daher häufig als Topfpflanze gezogen, verliert jedoch in tieferen Lagen seinen zierlichen Wuchs und die weisswollige Behaarung. Auch ausländische Arten aus Japan, aus dem Himalaja, dem Gebiet des Baikalsees und Nordchina werden kultiviert, und manche werden auch in der Kultur erfolgreich miteinander gekreuzt.

Wie das Edelweiss berühmt wurde

Der heute gebräuchliche wissenschaftliche Gattungsname unseres Edelweiss, *Leontopodium,* leitet sich vom griechischen léon: Löwe und von pódion: Füsschen ab und bedeutet Löwenfüsschen. Mit diesem Namen wird ein Vergleich der Edelweiss-Sterne, vor allem der in Trugdolden beisammenstehenden Blütenköpfchen, mit einer Löwenpfote angedeutet. Dieser Name *Leontopodium* geht auf Plinius zurück, dessen siebenunddreissig Bücher *Naturalis historica* die Basis des naturwissenschaftlichen Denkens im Mittelalter bildeten. Aber die von Plinius als *Leontopodium* benannte Pflanze war kein Edelweiss. Vermutlich war ihm Edelweiss überhaupt nicht bekannt.

In der Folge bekamen noch weitere Pflanzen den Namen *Leontopodium,* Löwenfüsschen, so eine Vergissmeinnicht- und eine Frauenmantelart und unser wildwachsendes Alpenveilchen. Erst Pietro Andrea Mattioli, ein 1500 in Siena geborener italienischer Arzt, Botaniker und Verfasser eines verbreiteten, berühmten Kräuterbuches, verwendete den Namen *Leontopodium* erstmals für das Edelweiss. In seinem Kräuterbuch beschreibt und bildet er das Edelweiss auch als erster ab.

Nach ihm nannten und beschrieben weitere Botaniker unsere hoch in den Bergen angesiedelte Gebirgspflanze mit den weisswolligen Blütensternen noch mit anderen Namen, bis sie schliesslich 1819 den heute gültigen lateinischen Namen *Leontopodium alpinum,* übersetzt: Alpenlöwenfüsschen, erhielt.

Alle diese Beschreibungen und wechselnden Benennungen spielten sich indessen ausschliesslich im Wirkungsbereich der Gelehrten, der Ärzte, Naturforscher und Botaniker ab. Im Volk kannte man keine Pflanze mit dem Namen *Leontopodium.* Selbst ein gelehrter Schweizer Zeitgenosse des italienischen Kräuterbuch-Verfassers Mattioli, der Gymnasialprofessor Benedikt Marti aus Bern – er nannte sich auch Aretius –, bezeichnete das Edelweiss als Wulblumen, Wollblume. Zu seiner Zeit, im 16. Jahrhundert, war das Edelweiss wohl nicht mehr unbekannt, aber seine Welt, die hohen Berge, galten allgemein als ein Ort des Schreckens, den man am besten mied. Nur kühne Gemsjäger wagten sich in diese verrufenen Höhen hinauf, und die ersten verwegenen Alpenbotaniker. Als der Schweizer Gelehrte und Naturforscher Conrad Gesner 1555 mit Freunden eine solche botanische Bergtour auf den 2132 Meter hohen Pilatus plante, musste er dazu eine behördliche Erlaubnis vom Luzerner Bürgermeister Nikolaus von Meggen einholen!

Im Volk war das Edelweiss demnach, wie die anderen in grossen Höhen heimischen Alpenpflanzen, damals kaum bekannt. Und wenn es ein Jäger, dem es aufgefallen sein

Wenn unser Edelweiss *(Leontopodium alpinum)* ungestört bleibt, wächst und blüht es auch heute keineswegs nur an steilen, schwer zugänglichen Felsen, sondern ebenso an sonnigen, steinigen Hängen, in trockenen Grasheiden und auf Grasbändern, meist in Höhen zwischen 1700 und 3400 m.

mochte, mit herabbrachte ins Tal, mass man ihm keine besondere Bedeutung bei. Stand doch auch im Kräuterbuch zu lesen: «Ist ein wild Gewächs / hat keinen Brauch in der Artzney jedoch wo man es haben kann / ist es zu brauchen wie Ruhrkräuter.» So kochte man es in Tirol - «wo man es haben konnte» - mit Butter und Honig in Milch, wenn einer Leibschmerzen hatte und verwendete es als Tee gegen Schwindsucht, Durchfall und Ruhr. Es bekam den Namen Bauchwehblüaml und wurde unter dieser Bezeichnung auch im Salzburgischen und Steirischen bekannt. Bergruhrkraut nannte man es in der Schweiz nach der Wirkung seines Tees, Strohblume im Berchtesgadnerland, Katzenpfötgen, Katzedäpli in Vorarlberg und im Berner Oberland, Hanetabbe im Schwäbischen, und in den verschiedensten Gebieten der Alpen hiess es lange Zeit Jagerbleaml, Jägerblume.

Auch der Name Edelweiss taucht unter den Volksnamen auf. 1785 führt ihn Moll in seinen *Naturhistorischen Briefen* aus dem tirolischen Zillertal an. 1792 wird er im Bericht über eine *Botanische Reise in die oberkärntnerischen und benachbarten Alpen* aus der Gegend von Lienz, im heutigen Osttirol, angegeben. Allgemein dürfte er in den Tauerntälern von Pongau bis zum Zillertal gebräuchlich gewesen sein. Im Jahr 1833 wird die Bezeichnung Edelweiss schliesslich als deutscher Name für das lateinische *Leontopodium* eingeführt.

Damit trug das Edelweiss wohl seinen uns vertrauten Namen, aber weitherum bekannt, begehrt und berühmt war es immer noch nicht. Dazu bedurfte es der Erschliessung der Bergwelt, der Entwicklung des Bergsportes und der Geschäftstüchtigkeit zunächst einzelner. Um die Jahrhundertwende war das aus Asien stammende, von den Pyrenäen bis in den Himalaja hinein verbreitete Edelweiss bereits zur Symbolblume der Alpen geworden. Bald wurde es heiss begehrt, gepflückt, gepresst, verkauft, in Medaillons gefasst und auf den Hut gesteckt, und rührselige Edelweissgeschichten und -legenden wurden verfasst und gedruckt.

1910 konnte man folgendes Inserat in einer Allgäuer Zeitung lesen: «Edelweiss, en gros, en detail, schön gepresst, 20 Stück 1 Mark, 100 Stück 3 Mark, 1000 Stück 12 Mark, 5000 Stück 35 Mark, 10 000 Stück 60 Mark incl. Porto. Gegen Nachnahme, Postanweisung oder Briefmarken.» Reiche Vorkommen wurden so radikal ausgebeutet, dass keine Pflanze überlebte. Ehemals «edelweissübersäte» Grate wurden leer. Der immer schwieriger zu erreichende weisswollige Blütenstern wurde immer mehr Bergsteigern zur Todesblume.

Längst war das Edelweiss unter Schutz gestellt worden. Wo es der Bergwacht durch pausenlosen Einsatz zur Blütezeit der Pflanzen gelang, den Schutz zu erzwingen, erholte sich der Bestand erstaunlich rasch. Um bei nächster Gelegenheit wieder dezimiert zu werden. Noch 1946 und 1947 wurden von der Bergwacht in Nordtirol 6400 Edelweiss-Sterne beschlagnahmt. Und immer noch werden da und dort Edelweiss-Sterne öffentlich verkauft.

Edelweiss-Geschichten

In den Edelweiss-Geschichten der vergangenen knapp hundert Jahre ist vom Edelweiss selbst meist nicht viel die Rede. Es wächst an steilen Felswänden, blüht in talergrossen schneeweissen Sternen und löst Verlangen nach seinem Besitz aus. Um dieses Edelweissbild herum bauen sich die Erzählungen von armen Hirten und waghalsigen Bergsteigern, furchtlosen Jägern und faszinierten Touristen auf; phantastische und schlichte, rührselige und geschmacklose. Das Hauptthema dieser Geschichten jedoch, in denen das Edelweiss selbst eine solch wirkungsvolle Nebenrolle spielt, ist eine verhängnisvolle menschliche Schwäche: Besitzgier. Sie wird in diesen Geschichten geschickt oder stümperhaft angeprangert, umschrieben, bemäntelt oder entschuldigt. Manchmal beherrscht sie auch unausgesprochen, mitunter vom Erzähler selbst unerkannt, den Verlauf der Geschichte.

Zu den erfundenen Edelweiss-Geschichten dieser Art gesellen sich jene, die sich tatsächlich ereignet haben. Häufig bekommt man sie nur in der schmucklosen Form sachlicher Berichte vorgesetzt, oder man erlebt sie selbst. An Dramatik stehen sie den erdichteten Geschichten jedoch kaum nach, und an Gehalt lassen sie diese meist weit hinter sich.

So wurde vor Jahren durch Teilnehmer einer Lehrwanderung in einem durch seinen Blumenreichtum bekannten Alpengebiet in 2600 Meter Höhe ein Hirte beim Pflücken und Ausgraben von Edelweiss überrascht. Zu diesem Zeitpunkt betrug seine Beute bereits 288 Edelweiss-Sterne und 34 Rasenstücke mit Edelweisspflanzen. Untersuchungen ergaben, dass die Blütensterne insgesamt etwa 50 000 fruchtbare Blüten enthielten.

In einem bekannten Alpental verbrachte ein Gesandter mit seiner Familie die Sommerwochen. Bei der Heimkehr von einer Wanderung lenkte der Sohn des Diplomaten durch ein Edelweiss-Sträusschen die Aufmerksamkeit eines Gemeindepolizisten auf sich. Der Rucksackinhalt wurde kontrolliert und 221 Edelweiss-Sterne samt den bewurzelten Pflanzen wurden sichergestellt. Unter Berufung auf sein Recht der Exterritorialität forderte daraufhin der Gesandte die beschlagnahmten Edelweiss zurück und weigerte sich, die verhängte Geldstrafe zu entrichten.

In seinem Buch *Der Schweizerische Nationalpark* erzählt R. Schloeth, Leiter der Nationalparkverwaltung und des Nationalparkhauses in Zernez, folgende Episode: «Eines Tages bemerkte ein Parkwächter von weitem ein Mädchen, das strauchelte und der Länge nach ins Gras fiel. Das Missgeschick wiederholte sich ein paar Meter weiter oben.

Als das ungeschickte Ding zum viertenmal im Gras gelandet war, ahnte der Parkwächter etwas – und siehe da! Bei jedem absichtlich herbeigeführten Sturz hatte das findige Kind ein Edelweiss abgerissen und blitzschnell in der Tasche versteckt...»

Vor Jahren erlebten auch wir an einer Passstrasse unsere Edelweiss-Geschichte. In knapp 2000 Meter Höhe hatten wir bei einer kleinen Wanderung auf einem der Strasse nahegelegenen Bergrücken neben Enzianen, Steinbrech, Wundklee und Alpenastern auch Edelweiss entdeckt. Wir zählten über hundert blühende Sterne, sie standen in kleineren und grösseren Gruppen beisammen. Nach Tagen wollten wir noch einmal nach den hundert Edelweiss-Sternen sehen. Inzwischen waren vielleicht noch weitere aufgeblüht. Wir fanden vierzehn Sterne. Und Eischalen, leere Büchsen, Papier.

Hin und wieder hört man auch andere Edelweiss-Geschichten, oder man erlebt sie dort, wo die begehrten weissen Sterne noch ungestört blühen, weil keiner von ihnen weiss.

Er war ein unwirtlicher Berg. Unten, an seinem Fuss, waren wir noch durch einen Blumengarten gewandert: hohe Lärchen, deren Wurzeln Felsblöcke umspannen, Nester blühender Alpenrosen, kleine, eingesprengte Matten mit orangerotem Pippau, mit Anemonen, Glockenblumen, grossen Alpenastern. Feiner Duft, in den ab und zu ein Windstoss fährt, der die kleinen Falter, blaurote Widderchen, zu Boden drückt und uns frösteln lässt.

Weiter oben verliert sich die Markierung. Der Weg wird eine schmale Spur, sie zieht in Windungen zum Bergrücken hinauf. Dort oben vermuten wir die Zwergorchidee, das kleine, unscheinbare Gewächs aus schmalen, grasähnlichen Blättern und grünen, leicht purpurüberlaufenen Blütchen am fingerlangen Stengel. Nebel ziehen. Abwechselnd fällt Licht und Schatten über den Hang. Rechts ein jäher Absturz, ein steiles, rieselndes Feld aus bröckelndem Gestein, eine kaum vernarbte Wunde. Um uns singt der Wind einen wilden Choral, ansteigend und wieder verebbend. Tausend Geigen fallen ein, lange Flötentöne über die tiefe Schlucht. Und das Brausen einer mächtigen Orgel.

Kurze Gräser, zerfallendes Gestein. Kaum Blüten. Oder doch: das violette Rund von Alpenastern. Als wir ihnen nahe sind, sehen wird, dass neben ihnen Edelweiss blüht. Kurzstengelige Sterne, schneeweiss und gross. Fünf. Zwanzig. Noch mehr. Von den Windstössen geschüttelt. Welch eine Welt für Blumen. Und neben Edelweiss und kargen Gräsern blüht auch die Zwergorchidee.

Der grüne Rücken oben ist vom Wind glattgekämmt. Und besät von Edelweiss-Sternen und der kleinen, robusten Zwergorchidee. Ein Steinbrechstengel. Eine kleine Schar zierlicher Glockenblumen. Überall Edelweiss, ein Bergrücken voll. Ich wölbe die kalten Hände über einen grossen Stern, der windgeschüttelt vor mir steht und fühle, wie

Winzige, höchstens 3 mm grosse, gelbe Blüten, die in dichten Blütenköpfchen beisammensitzen, bilden das Zentrum eines Edelweiss-Sterns. Auffällig werden diese vielen hundert Blüten erst durch die Umrahmung der unregelmässig angeordneten grossen, weisswolligen Hochblätter.

Bis ins 16. Jahrhundert war diese ungwöhnliche Blume unserer hohen Gebirge so gut wie unbekannt. Erst um die Jahrhundertwende wurde das Edelweiss berühmt und begehrt.

er bewegungslos wird und deutlich spürbar Wärme ausströmt.

Die Sonne ist verschwunden. Nur über den Schneefeldern liegt ein harter Schein. Als ich mich später, etwa auf halber Höhe, umwende, hat der Nebel den Gipfel verschluckt und greift herunter nach uns.

Ein Jahr später locken uns, viele hundert Kilometer westwärts, steile, schroffe Felsklippen in der Schutthalde unter einer zerfallenden Festung. Was wohl an ihnen blüht? Von oben her erreicht man sie kaum. So steigen wir von unten hinauf. Währenddessen rückt eine Wolkenwand auf die Sonne zu. Und noch ehe wir den Klippen so nahe sind, dass wir Einzelheiten erkennen können, hat die Wolkenwand die Sonne erreicht. Bald danach ist der ganze Himmel grau. Noch ein Stück weiter hinauf. Wir umrunden den Felsblock, der uns die Sicht verdeckt. Feine Tropfen sprühen. Ferner Donner grollt. Doch wir erkennen nun den Steinbrech, der weiss an den grauen Felswänden blüht. Zarte Glockenblumen. Und Edelweiss. Als wir hinuntersteigen, beginnt es zu giessen.

Eine wilde Gewitternacht folgt und ein grauer Regentag. Der Morgen danach ist strahlend blau. Alles ist nass, das Gras, die Margeriten, Thymian, Mieren, rosa Pfauennelken und blaue Glockenblumen am Rande der Schutthalde.

Um acht Uhr stehen wir an der jähen Felswand der untersten Klippe. Eine für uns neue Mierenart blüht an ihr. Eine winzige Rapunzel. Und Edelweiss. Die Sonne scheint auf die schneeweissen Sterne und trocknet sie. Wie schön sie sind. Weiss vor dem grauen Fels. Blätter und Stengel in einen feinen Pelz gehüllt, dichtwollig und weiss die Hochblätter der Sterne. Fünf nebeneinander vor mir, sechs, neun. Junge Pflänzchen in Felsspalten. Einzelne Sterne, prachtvoll und gross. Dürre Stengel vorjähriger Blüten, die keiner gepflückt hat.

Du bereitest den Fotoapparat vor. Steckst noch einen Film in die Tasche. Dann kletterst du vorsichtig ein Stück hinauf. Nicht weit. Der Morgenwind bewegt die Blüten, sie schwanken leicht. Dann stehen sie reglos vor der Ferne.

Noch nie war ein Morgen so zauberhaft. Klar alle Gipfel um uns. Irgendwo pfiff ein Murmeltier. Einmal kamen drüben Wanderer vorbei, aber sie bemerkten uns nicht. Lange sassen wir am Fuss der Klippen und sahen zu, wie leichte Nebel aus schmalen Tälern aufstiegen. Und kein Schatten fällt auf diesen Besitz.

Die Annahme, man müsse Blumen pflücken, um sie zu besitzen, ist auch heute noch weit verbreitet. Doch erfreut uns der Besitz bald welkender, wild wachsender Blumen tatsächlich? Oder wird durch Blumenpflücken nicht nur eine unkontrollierte Sucht nach Besitz vorübergehend befriedigt?

Hinweise

Seite 21
«Stengelloser Enzian», Gedicht
von Karl Heinrich Waggerl
aus: Heiteres Herbarium.

Seite 23
«Enzianblüte», Gedicht
von Hermann Hesse
aus: Die Gedichte. 1892–1962.

Seite 38
Die Reproduktion aus dem Kräuterbuch
von Leonhard Fuchs aus dem Jahr 1542
wurde in der Universitätsbibliothek
in Innsbruck, mit freundlicher Genehmigung,
hergestellt.

Seite 67
Gartenenziane
aus: Blumengarten
von Margot Schubert